“生态文明”经典译丛

地球村文选

—— 托马斯·贝里经典合集

[美] 托马斯·贝里（Thomas Berry）◎ 著
[美] 玛丽·伊夫琳·塔克（Mary Evelyn Tucker）
[美] 约翰·格里姆（John Grim）◎ 编

尹 茜 赵家明 王子微 ◎ 译

Thomas Berry:
Selected Writings on the Earth Community

中山大學出版社
SUN YAT-SEN UNIVERSITY PRESS
· 广州 ·

图书在版编目（CIP）数据

地球村文选：托马斯·贝里经典合集/（美）托马斯·贝里（Thomas Berry）著；（美）玛丽·伊夫琳·塔克（Mary Evelyn Tucker），（美）约翰·格里姆（John Grim）编；尹茜，赵家明，王子微译．—广州：中山大学出版社，2022.12
（“生态文明”经典译丛）
ISBN 978-7-306-07687-8

Ⅰ．①地…　Ⅱ．①托…②玛…③约…④尹…⑤赵…⑥王…　Ⅲ．①生态环境保护—文集　Ⅳ．①X171.4-53

中国版本图书馆 CIP 数据核字（2022）第 255684 号

DIQIUCUN WENXUAN

出 版 人：王天琪
策划编辑：周　玢
责任编辑：周　玢
封面设计：曾　斌
责任校对：王　璞
责任技编：靳晓虹
出版发行：中山大学出版社
电　　话：编辑部 020-84113349，84111997，84110779，84110776
　　　　　发行部 020-84111998，84111981，84111160
地　　址：广州市新港西路 135 号
邮　　编：510275　　　　传　真：020-84036565
网　　址：http://www.zsup.com.cn
　　　　　E-mail:zdcbs@mail.sysu.edu.cn
印 刷 者：广州市友盛彩印有限公司
规　　格：787mm×1092mm　1/32　5.25 印张　123 千字
版次印次：2022 年 12 月第 1 版　2022 年 12 月第 1 次印刷
定　　价：39.00 元

谨以此书献给玛格丽特·贝里、珍·贝里·福斯特、安·贝里·萨默斯和特里·凯莱赫，他们多年来一直支持和鼓励着托马斯。

目录

引言
托马斯·贝里：亲历新故事

托马斯·贝里是为地球村发出具有独创性和预见性声音的发声者。作为天才演说家、有创见的思想家、启迪人心的老师，他重塑了我们对人类与地球关系的思考。凭借对世界宗教知识的深厚积淀和对宇宙历程的深刻感悟，他以"故事"为媒介，为人类走向未来提供一种参考。

1914年11月9日，贝里出生于北卡罗来纳州的格林斯伯勒，并在此处度过了童年时光，耄耋之年又重回故地。2009年6月1日，他与世长辞，长眠于佛蒙特州的格林山修道院。贝里出生时沿用了他父亲的名字，起名威廉·内森，他在13个兄弟姐妹中排行老三，是仅存活下来的4个孩子中的一个。他带着对阅读、内省和沉思的渴望成了一名苦难会修士。出于对意大利神学家兼哲学家托马斯·阿奎那（Tommaso d'Aquino，约1225—1274）的以《神学大全》为代表的作品的崇敬之情，贝里在受任圣职时改名为托马斯。

贝里在天主教大学获得了博士学位，毕业论文是关于詹巴蒂斯塔·维科[1]的研究。1948 年至 1949 年间，他在中国旅居学习，并遇到了一生的挚友，也是西方世界著名的亚洲研究学者之一——威廉·西奥多·德·巴里。特德[2]和他的妻子范妮是贝里最早的一批拥趸。在纽约市郊塔潘的特德夫妇家中，托马斯和特德对亚洲思想经典（尤其是儒家思想经典）的精神指引作用的讨论贯穿无数个傍晚。范妮和贝里一样，对皮埃尔·泰亚尔·德·夏尔丹[3]（Pierre Teilhard de Chardin，1881—1955）饶有兴趣，并经常出席在纽约举行的美国泰亚尔协会周年见面会。在哥伦比亚大学，特德开创性地创立了亚洲研究专业，重点研究印度、中国和日本的经典古籍及历史。他还和贝里一起创办了一个亚洲思想和宗教研讨会。由于当时鲜有人理解贝里对亚洲宗教的浓厚兴趣，这使兴趣相投的他们成了莫逆之交，情谊深厚。贝里著有两本关于亚洲宗教的书：《佛教》（1967 年）和《印度宗教》（1971 年）。哥伦比亚大学出版社至今仍持续出版这两部著作。

1975 年至 1987 年，贝里担任美国泰亚尔协会主席。1978 年，贝里撰文《新故事：关于价值观的起源、认同和传播的评论》，开启了泰亚尔研究系列。在这个系列里，他呼吁对进化和生命起源的新故事进行阐述。泰亚尔的作品对贝里发展他的宇宙故事提供了重要的灵感来源，尤其是泰亚尔感受到一切进化都是从简单到复杂、从无意识到有意识。这个视角也是贝里关注生态

① 意大利历史学家、法学家、语言学家。——译者注

② 特德即西奥多的昵称。——译者注

③ 中文名“德日进”，法国哲学家、古生物学家，耶稣会神父。——译者注

环境的一个背景视角。

贝里为倡导环境保护不遗余力。早年间，他呼吁恢复具有生物多样性的栖息地，这不仅是一项环境保护措施，也是在承认自然的内在价值。他憧憬未来会有一个繁荣的地球村，这给了他无与伦比的动力。事实上，他的一些最有见地的作品是在他65岁离开教学岗位后发表的。其中包括1988年的《地球之梦》、1999年的《伟大的事业》和2006年的《晚思》。2009年，也就是他去世的那一年，《基督教的未来》《地球的命运》以及《神圣的宇宙》又相继出版。

托马斯·贝里作为学者、教师和导师

1956年至1961年，贝里在新泽西州的西东大学开始了执教生涯；1961年至1965年，其在长岛的圣约翰大学任教。1966年，耶稣会会士克里斯托弗·穆尼邀请他到福特汉姆大学神学系任教。在福特汉姆大学，贝里创立了宗教历史专业，并任这个专业的负责人，直至1979年离开教职。福特汉姆大学的宗教历史专业是当时北美洲所有天主教大学中唯一的宗教历史专业。贝里在担任教职期间，共培养了大约25名博士研究生，其中许多人在美国和加拿大的重点学院和大学任教。

贝里是福特汉姆大学神学系的异类人士。他既不是耶稣会会士，也不是神学家。相反，他所受到的学术训练是西方历史和世界宗教。作为一位有个人魅力的教师和引人入胜的演说家，他吸引了很多学生到宗教历史专业来学习，事实上，选他课的学生比神学系所有专业的学生都要多。贝里的学生来自全国各地，有些学生甚至拒绝了哥伦比亚大学或耶鲁大学的宗教研究专业，而选择他当自己的导师。

对学生来说，能与这位睿智的思想家和慷慨的导师一起做学术研究是极为令人向往的。贝里对学生提出了很高的要求，首先，他们要博览世界宗教方面的书籍，兼顾学习相应的语言以便赏析现代或古代文本与评论。其次，贝里给予了学生更多的挑战让他们茁壮成长，例如，至少学习一门宗教传统的书面语，了解许多宗教传统的历史，欣赏每个传统的智慧思想，跨学科广泛阅读，这样，才能让宗教传统所扎根的生活图景活生生地铺陈在眼前。

贝里对世界各宗教智慧的欣赏也享有盛名。很久以前，各宗教间的互通有无尚未成为热门话题时，他就已经醉心于印度、中国和日本的经典古籍以及传统的研究之中。此外，他对美国印第安人和他们的传统也抱有相当的兴趣。

在福特汉姆大学执教期间，贝里在哈德逊河岸边建立了里弗代尔宗教研究中心，从 1970 年到 1995 年，他任该中心主任长达 25 年。贝里把该中心设在一幢杂乱的维多利亚风格的老房子里，并将他的约 1 万册藏书安置于此。其中，包括世界宗教的古籍文稿以及对这些文稿的评论。很多文稿都是由古语写就——包括希伯来语的《圣经》、拉丁语的《教父》、阿拉伯语的《古兰经》，还有印度教和佛教的梵文典籍，以及中国儒家和道教的经典著作。此外，贝里在楼上单辟出一个房间专门陈列印第安人的传统文化典籍。在这里，学生们可以做研究，听取老师对毕业论文的建议，或者只是漫谈时事。在学年每个月的第一个星期六，学生们和来自各行各业的听众聚集在一起听讲座，自带餐食相互分享。贝里吸引了来自纽约及周边地区的众多知识分子和环保人士来到中心。研究中心对外开放的惯例帮助许多人建立了长久的情谊，贝里的许多创新思想也开始在此得到表达。

生态纪元①

回顾自己在北卡罗来纳州的生活，孩童时的夏天在百合遍布的草地玩耍嬉戏的场景常常萦绕在贝里心头，这段儿时记忆促使他日后努力留存和保护其中的纯真。他对地球生物多样性流露出的真情实感常常体现在一次又一次的深刻讲演中。早在 20 世纪 80 年代初，他就把这些想法融合在他的术语“生态纪”中，这是他标注一个地质时代结束的独特方式。在即将结束的地质时代里，以开采大量资源为基础的工业技术泡沫，导致每年有数千个物种消失。他指出，有的科学家认为人类发展正走在趋向式微的路上。自从 6500 万年前恐龙灭绝和新生代开始以来，如此毁灭性的事情还从未发生过。但他并没有让读者陷入绝望，而是用“生态纪”一词来标志人类开始建设地球生态的新时期。

在这一宏大的背景下，他对生态问题作用的反思变得更为深刻了。在塞舌尔群岛开完环境会议后，坐在飞机上，从 3 万英尺②高空俯瞰尼罗河，他意识到自己并非神学家，而是“地球学家”。这一称呼的转变，意味着他正反思着世界上的种种问题，而自己无异于是从地球地质和生物进化的亿万年中脱颖而出的

---

① 生态纪元或生态生代，托马斯·贝里的独创术语。——译者注

② 1 英尺 =0. 3048 米。——译者注

人。如此对问题进行反思是在物种层面上重塑人类的一种方式。

1982 年，贝里结识了在里弗代尔中心学习了一年的布莱恩·斯怀默，重新定义人类角色的构想在两人相识期间得到了升华。布莱恩在俄勒冈大学获得了数学宇宙学博士学位，是理想的合作伙伴。贝里对世界历史和宗教进行了多年的研究，布莱恩则对进化史进行了全面研究。在长达 10 年的密切合作中，他们开展研究的形式多种多样，包括共同研究、开设讲座和举办会议。1992 年，他们共同撰写的《宇宙的故事》一书诞生，这也是第一次以人类为进化史中的关键角色来讲述的故事。

约 20 年后，基于人类对进化史故事进行重述的需求，电影《宇宙的历程》拍摄完成。进化史的故事第一次以电影的形式出现，同时出版的还有一本同名书籍，以及进行了一系列对科学家、历史学家、教育家和环保人士的访谈。《宇宙的历程》主要得益于贝里对进化、生态和精神领域的思考。

结论

贝里的反思具有多层性，而且彼此之间存在着有机的连续性。这些层次由以下多个方面所连接：宗教历史中的文本、宗教机构和著名人物的作用；宗教产生和发展的文化历史背景；地方性的生物区域和当地社会的天然联系和形成性关系；世界宗教之间的复杂关系；各种宗教内部对宇宙论的表达方式；人类从蒙昧中苏醒，渐渐认识到人类与生命共同体的进化连续性；对具有多元文化的地球文明来说，进化的故事可以被视为一门实用的宇宙学学科。所有这些思考都体现了他对地球村命运的关切，以及想要唤起人类改善与地球关系的愿望。

作为宇宙故事的讲述者，贝里引导听众去了解各宗教文化与文明中的历史研究所存在的影响和作用。和许多故事讲述者一样，贝里在写作方面天赋异禀；但与他们不同的是，他并不仅仅依赖情感煽动或夸大其词。他用北卡罗来纳州式的语言化繁为简，将复杂的话题平静地娓娓道来，引人入胜。贝里的反思风格使他能够对工业时代的种种问题进行思考，思考人类如何恢复力量，也思考人类如何重塑精神信念。

贝里在丰富多变的生活中始终保持幽默，热爱魔术戏法，他的学术取向远在后现代主义到来之前便已形成，致力于揭露权力的动态关系，只是将机锋暗藏。同时，他仍然关注个体通过积极理解、直觉观察和辛勤付出，参与到更大范围的文明和宇宙学中的这种行为，并与之相互作用。因此，对贝里来说，讲故事不仅仅是让听众被动接受，更是一种参与性的活动。在这个活动中，故事是真实存在的，故事在讲述过程中也是鲜活的。

这些思考，让人在恍惚中看到贝里穿着棕色灯芯绒夹克的形象，在公开讲座或课堂上给人以醍醐灌顶式的启发，同时用猎奇、动听且富有创造力的语言讲述着他对地球村的所有愿景与向往。

第 1 章
宇宙的故事[①]

面对日益严重的生态危机，贝里思考了应对采掘行业和消费经济的毁灭性力量所必须采取的新举措，《新故事》就是贝里毕生反思的巅峰之作。他认为，现代物质主义和还原论[②]将自然物化为主要供人类使用的资源，《新故事》可能是突破现代物质主义和还原论观点的开端。

要取得突破，贝里认为我们需要一个连贯的进化故事。换句话说，过去 3 个世纪里，哥白尼引发天文学革命、牛顿发现万有引力定律、孟德尔发现遗传定律、达尔文对生物学做出贡献，以及爱因斯坦引发物理学革命，都可以被整合进一个史诗般的进化故事中。此外，关于早期宇宙膨胀的最新发现需要以一种简单易

---

① 本书对部分内容有所删改。——译者注

② reductionism，又译“分割论”，是西方认识客观世界的主流哲学观，认为万物均可通过分割成部分的途径了解其本质。东方文明整体观则认为，这种认识论只可用于简单事物，对于复杂事物（如人体生命）而言，一旦被分割，将会因丧失许多信息而失真。事物的复杂程度越高，因分割而失真的程度就越严重。——译者注

懂且全面的方式加以阐释，从而使关于宇宙形成的宇宙学以及关于恒星和星系形成的学说，能够以通俗易懂的方式来普及。另外，对于行星和地球生命出现的新认识也可通过另辟蹊径来呈现，从而让读者认识到宇宙和地球的演化过程是动态的、有差异的且自成一体。

这史诗般的进化过程意味着人类是从中产生的，并非对进化过程的补充或附属。这对地球本身来说，是一种自我反思意识。人类与其他物种有着千丝万缕的联系，在某种程度上共享它们的遗传密码。人类也将宇宙中的星球视为祖先，因为宇宙大爆炸中产生了生命所必需的元素。

贝里认为，进化故事能使人类意识到与宇宙、地球的深层关系，并使人类认识到自身在其他物种中的地位。因此，进化故事是一部贯穿始终的史诗。这种包罗万象的宇宙叙事观为具有敬畏、尊重和克制因素的生态伦理提供了宏大的背景。

只有把宇宙看作一部刚刚开始演奏的交响乐章，把地球看作一个生机盎然的星球，人类才能在动态过程中摆正自己参与者的地位，这便是贝里的观点的核心理念。人类只有学会欣赏地球村的绚烂多彩，才能与地球的生态系统和生命形式更充分地交融。因此，学会与大自然的创造力一起劳作，将成为我们在新兴的生态时代——贝里称之为“生态纪”——的“伟大事业”。

1978 年，64 岁的贝里写下了《新故事》。这篇短文是《宇宙的故事》的灵感来源。《宇宙的故事》是贝里与布莱恩经过长达 10 年的合作后，于 1992 年共同出版的著作。《新故事》也是《宇宙的历程》（2011）的主要灵感来源，布莱恩与玛丽·伊芙琳·塔克在十多年的合作中共同撰写了《宇宙的历程》一书并拍摄了同名电影。

新故事

如何能讲好一个故事？人类有时处于困惑之中皆因没有一个好故事。我们正身处新旧故事交替的时代。虽然旧故事讲述了世界如何形成以及如何融入世界，但它已经难以应对当下的一些难题。然而，新故事的脉络尚未明了。宇宙的旧故事支撑人类度过了漫漫长路，塑造了人类的情感态度，赋予了我们生活的目标，并激发了我们的行动，使苦难的意义得到升华，使知识融会贯通。旧故事让人类在清晨苏醒时，能够知道自己身处何处；能够解答孩子们的问题；可以让人们明辨是非，从而惩治有违法纪者。因为有了旧故事，万事万物皆能获得妥当安排。它不是必定能使人变得良善，也不一定能消除生活中的痛苦和愚昧，以及不一定使人类交往温情常在，但它确实为地球万物有意义地运转提供了环境。

尽管有人坚信并按照旧故事的指引践行旧例，但时至今日，旧故事在宏观的社会维度上已经无法正常运转。一些人已经意识到了旧程序的运转时有异常，因此他们往往另辟蹊径（通常是另辟新时代），却总是无法解决现实生活中的问题。即使人们有先进的科学技术，在制造业、商业、通信和计算机领域也展现出其卓越不凡之处，但世俗社会让人感到缺失了一些满足感与某种规则，无法充分满足人生情感、审美和精神上的需求。

人类现状需要被彻底地重新评估，特别是重新评估给生命以满足感的基本价值观念。正如传统宗教故事满足了人类在过往时代中的需求一样，人们需要新的价值观念来满足新时代的需求。要实现这一目标，必须从一切事物起源的地方开始，从讲述基本的故事开始：万事万物是如何形成的，又是如何发展成今天的模样的，以及未来又将如何奔赴令人满意的方向。人类需要一个有教化意义的故事，一个能抚平伤痛、指引方向，并具有借鉴作用的故事。

大约在 14 世纪以前，西方社会的人们确实在其旧宇宙故事中达成了共识，使社会安然运转。大约 3000 年前的启示经验成为宗教故事的起源。

有的宗教故事背景与托勒密对宇宙及其运行方式的描述交错呈现出一个永恒的宇宙，通过季节轮转，不断地更新自己和身处其中的生命体。即使在古典晚期和中世纪早期这样的历史时刻，自然界依然保持秩序井然，人类阐释的背景也处于稳定之中。无论有什么问题，人类最基本的价值观与信念都不会被置于危险之中，这是不言而喻的……

宇宙的故事就是星系诞生的故事，而星系快速地膨胀扩大，会带来表达层级的更新换代。如氢在上千万度的高温下形成氦，或者恒星在天空中形成火海之后，经历了一系列变化，其中的一些物质最终爆炸成星尘，形成太阳系和地球。在岩石和水晶结构中，以及绚丽多彩的生物多样性特质中，地球呈现出了自己独特的表达。直到人类出现的那一刻，不断膨胀的宇宙似乎便开始有了自我意识。这种意识体现在人类身份的呈现上，即兼具地球属性和宇宙属性。人类的生命承载着宇宙，宇宙的存在也承载着人类，两者相对于彼此来说是实实在在的存在，这二者相对于诞生宇宙与人类的深层奥秘来说也是实实在在的存在。

这种整体观不论对科学家还是宗教信徒来说，都是新的，二者也逐渐认识到这种整体观及其对人类的意义，这是新时代的启示录。当进入一个新的时代时，整个地球－人类秩序中发生某种剧变也就不足为奇了。于是就出现了何以为人的新范式，这种变化既令人兴奋，又令人痛苦不安，其中一个方面涉及地球－人类关系的转变。因为，过去地球决定着人类发展的进程，而现在人类在很大限度上决定了地球发展的进程。以彼此依存的观点来看，以往是地球直接管控自己；而如今，它却在很大限度上通过人类来间接管控自己。

如此一来，人类的问题似乎变成人生意义何在？意义是如何决定的？又是如何传播的？过去，意义在于完善地球面貌、反映稳定自然界的外在理性；而如今，意义却取决于人类是否能及时回应世界发展中的迫切问题和应对新一轮挑战。处于无知无感深处的科学工作者，被这新兴创造过程的神秘进程所吸引，愿与他人交流共享。但除非是主体对主体的召唤，如果科学工作者不能在意识觉醒上全力以赴，交流绝无可能。科学工作者对存在的品读能力正是他们在工作中展现出来的令人钦羡的素质。他们希望体验存在的实在、隐晦、物质的方面，以便推动整个进程中的世界对话与交流，从而回应这世界的本来面目。如果说，对存在的客观性和数量的要求让科学工作者忽视了存在的主观性和质量方面的需求，那么这也是科学工作者完成现阶段历史使命的现实状况。多年来，科学界最令人瞩目的进展便是逐渐认识到实相的整体实际－超自然维度。

至关重要的是，人类的子孙后代必须意识到这里所描绘的宏大图景，以及神圣的价值观在历史长河里是怎样延续并不断发扬光大的。在这一背景下，所有的人类事件——各行各业的运转和各类活动——都有其确切意义，并在整个现实范围内促进了这个新兴世界的主观交互活动，因此，科学界和宗教界有着共同的现实对象。但我们也能看到宗教的救赎说辞和科学话语的局限性，世界需要一种新兴的、更完整的存在和价值话语体系。

在旧故事中，我们可以建立起一个对人类有意义的知识结构，从宇宙的物理和化学，到地质学和生物学，到经济学和商业，再到在地球发展进程中发挥作用的研究，都可被纳入这一结构中。但是，同一知识结构无法指导人们的事务，使其穿过重重险境，抵达不可知的未来，除非人类能够在这更宏观的进化过程中找到自己真正的位置。如果西方文明和西方宗教曾经是命定之选，同时也是区别于他人和地球的存在，那么新的存在方式则要与更大的人类社会和宇宙本身亲密交流和共享。

现在人们对待未来的基本态度其实就是要存有信心，地球会不断地给予我们新的启示。如果自古以来持续运转的宇宙在一开始孕育了天空、点燃了太阳、创造了地球，如果同样孕育了陆地、海洋和大气；如果它唤醒了生命的原始细胞，并衍生出了不计其数的多样生物，最后繁衍出了人类并引领人类安全地走过动荡不安的岁月，那么应该相信，对人类的引领也恰恰唤醒了人类目前对自身的理解，唤醒了人类对自己与这惊世剧变关系的理解。我们要时刻洞察宇宙结构和运转对人类的指引，以便对未来的冒险征程充满信心。

——节选自《新故事》，见《地球之梦》

地球之梦

过去的故事为我们呈现出了最可信赖的希望。我们希望地球能引导人类渡过目前的困局，也能为地球上万事万物走向神秘的未来提供适宜的环境。毋庸置疑，地球一定会给予人类指引，难处在于还不知道人类需要经历哪些重大深刻的变化。人们早已习惯了工业化的世界，几乎无法想象其他适合人类生存的环境。虽然人类已经意识到这点，但工业化的泡沫正在消失，它会很快把人类留在一个残垣断壁之中，体味彻骨寒冷。

以往的启示经验、更新或重生仪式，以及启示录描述，在此刻已无法满足人类的需求。神秘的力量仍然存在于一个与这个世界的力量相去甚远的时空中。虽然铺陈在眼前的世俗世界存在尘垢，但放眼望去，仍可看到阳光普照着大地，也可看到白杨树叶在傍晚的光照和微风的吹拂中熠熠泛光；侧耳倾听，哀鸠的咕咕声和昆虫的合唱声势渐隆，组成了大地的奏鸣曲；深深呼吸，山谷中的薄雾让忍冬的芳香愈加浓郁。不久，夏末的月亮将给这景致带来淡淡的光泽。也许我们会间或参与地球最初的梦想，也许有时这种最初的构想终将从古人遗墨中被一窥究竟，但我们首先要摒弃先入为主的成见。除了地球之梦，人类还可以到哪里去寻求指引，来完成摆在眼前的任务呢？

——节选自《和平的宇宙观》，见《地球之梦》

人类是宇宙不可分割的部分

尽管任何叙述都有不足之处，但进化史确实呈现了宇宙的故事，而这个故事现在可以从目前的经验中获得。这是人类神圣的故事……

我们要领略这个故事所传达的宇宙神秘与神圣，就需要知道，是人类激活了宇宙最深层的一种维度。人类发现自身拥有独特的智力、情感和想象力。很明显，这些能力从一开始就作为宇宙的维度而存在，因为在空间上的无限延展和时间上的逐步变化中，宇宙所有的表现形式始终与自身是和谐统一的。人类既不是宇宙的附属品，也不是宇宙的入侵者。人类正是宇宙不可分割的一部分。

宇宙在人类心中将它自己呈现出来，正如我们在宇宙中呈现自己一样。这种说法可以用在宇宙的任何方面，因为宇宙中的每一个存在都表达了宇宙作为一个整体的某些特质。事实上，宇宙中的万事万物都无法与宇宙中其他的存在分离开来而独立存在，宇宙故事中的任一时刻也不可能与故事中的其他时刻分离开来。然而，正是在人类自身的存在中，我们对宇宙和地球的全部实在有着自己独特的体验。

——节选自《地球的故事》，见《伟大的事业》

宇宙如交响乐

人类若能对宇宙和地球有敏锐的感知，则会不禁赞叹宇宙的伟大——经过上百亿年孕育了地球，而地球酝酿了 40 多亿年造就如今的辉煌壮丽。现今的地球处于持续发展的高度发达阶段，这种状态不是一如既往的，也可能不会一以贯之。地球转变的历程就像音乐作品中乐章的演奏过程一样，许多音符此起彼伏，但是一段乐曲，甚至是整段交响乐，并非窥一斑而知全貌。只有听完所有的音符，方能顿悟开头旋律所表达的意境，即一首乐曲中每进入一段新的主题，都递进表达着先前主题以及整个作品的意义，但开篇的主题贯穿整首作品。

由此观之，宇宙的起源也就呈现了一个非凡壮丽的过程。随着岁月的变迁，人类开始学会欣赏它的雄伟壮阔。原始能量的爆发摧枯拉朽，经过漫长的更迭又创造一切，将宇宙带入当今的盛况。宇宙在它原始能量中蕴含着孕育事物的不确定性和可能性，而如今这些不确定性和可能性都被激活了。宇宙的起源既是地球故事的开始，也是每个个体故事的开始，因为宇宙的故事就是宇宙中每个个体的故事。事实上，只有在宇宙从无到有的发展过程中，星系、地球、物种多样性逐渐诞生，宇宙在人类智慧中形成自身的映像后，最终事物的本原才有可能为人知晓。

宇宙起源后，一系列的风云变幻接踵而来：初代恒星在其各个星系内形成，之后形成了超新星坍缩，所有创造性的转变造就了宇宙中的所有元素。反过来，由于生命的延续需要各种各样的元素的参与，各种元素又使整个宇宙，尤其是地球的未来发展成为可能。

引力在整个宇宙中发挥着作用，在我们这个星系，它将分散的星尘聚集到第二代恒星——太阳的周围，并使八大行星围绕着太阳运转。此后，地球开始了独特的自我表达，探索着无法知晓和无法预见的未来，然而在探索过程中，其内部各组成部分却趋向于更大的分化、日渐深化的主体性，以及更密切的自我联结。

当我们想到地球与太阳之间形成了合适的距离，让自身既不太热也不太冷；并产生了合适的半径，让自身既不太大（像木星一样充满气体）也不太小（像火星一样干燥，山石林立）时，不觉慨叹造化的神奇、宇宙力量的鬼斧神工。之后，地球和月球的距离也被精确地安排——月球既不会离地球太近以致潮汐淹没大陆，也不会太远以致海洋停滞发展、生命不再繁衍生息。

——节选自《盖亚假说：其宗教意义》，见《神圣的宇宙》

生命之星

一直以来，影响深远的神秘事件频繁发生，其中最神秘的便是形成生命和人类意识所需要的条件竟全然具备。通过詹姆斯·洛夫洛克和林恩·马古利斯的研究，我们如今才能了解到一些细节。人类原以为地球首先要形成完整的物理形态，才能在此基础上产生生命所需的元素，但是，生命的故事与地球地质构造的故事如此密切相关，这让我们终于能够放弃原有的想法。事实上，地球的物理形态和它的生命形态是在彼此密切关联中同时产生的。在地球早期历史上出现的生命形态是形成大气圈、水圈乃至地球地质圈的最强大力量来源之一。

我们需要理解地球的一系列变迁过程中生命形态的造物力量，也必须明白生命形态本身是由地球早期发展的造物力量所带来的。事物发展的早期和晚期之间总是有这种密切相连的关系。在这一变迁过程的长河中，比较简单的生命形式会较先出现，而更为复杂的形式则会出现得较晚。这就像更简单的原子要素在宇宙的最初时刻形成，而更复杂的要素则出现得较晚一样。

关于地球发展的这一早期阶段，可能还有许多其他的说法，但地球生命发展的每一个早期阶段都具有决定性的作用。地球能够成为如今的样子，每一次进化都必须在地球发展变迁的进程中出现得恰逢其时。

尽管目前讲述的故事可能并不完整，但这里对宇宙和地球故事的概述，就是人类所能知道的全部故事。这是人类的神圣故事，也是人类处理万物起源的终极奥秘的方式。这绝不仅仅是物质的故事，也不仅仅是物质随机出现于可见世界的故事。因为宇宙出现的过程，就如同遗传学家西奥多修斯·杜布赞斯基（Theodosius Dobzhansky，1900—1975）所提出的，既不是随机的也不是预先设定的，而是创造性的。也正如在人类秩序中，创造既不是理性的、推演性的过程，也不是无拘无束的心灵在任意游荡。进化的故事实际上如同在黑暗的地球上绽放的大片雏菊，神秘而美丽。

在地球上，我们可以感知到宇宙的原始进程逐步完成，宇宙越来越趋向于清晰表达的和高度分化的实体。地球与其他行星之间的巨大差异令人叹为观止。每一颗行星都有自己独特的存在模式，但其他行星彼此之间的相似性远远超过它们与地球的相似性。

地球存在的独特模式主要表现为地球上存在生物形式的数目众多、品类多样，这些生物形式彼此之间不可或缺、相互依存，同时，其与地球的结构和功能也是如此密不可分，因此，地球被称为“生命之星”再恰当不过。在此情境中，这个词既不是字面意义，也不是简单的比喻，而是一种引申义，在结构上有点类似于“看见”[①] 这个词所表达的意义类型。“看见”是一种主要用于物理视觉的表达，但也可引申为才智上的“理解”，这里用了一种映射关系，即把视觉上的体验，映射到智力上的体验。它们共同的性质是一种形式对应另一种形式的主观存在，两种形式截然不同。在这种体验中，每种形式的特质都得到了增强，而不会彼此削弱。

因此，当用“生命”这个词来描述树和地球时，这是在暗示生命有一些基本特质，例如在外部环境的多样性中获得内部平衡的能力，可以在树和地球的整体运转过程中或多或少地实现。

在作为主要类比对象的树里面，可以找到生命过程的基本功能：一开始是带有可识别的遗传信息的种子，它吸收太阳的能量，将营养物质从树根运送到树干再运送到叶片。然后是种子自我繁殖的过程。这一过程造成了周围大气的某种持续变化，由此可以理解生命过程的存在。

地球也是这样的生命过程。然而，地球无法用一个可识别的遗传信息来引导自己从发展的各个阶段走向成熟阶段，也不存在一个地球母亲或者一个生命有机体诞下地球之子，使其具备繁衍能力，生生不息，这是因为地球无法进行自我复制。即便如此，地球不可分割的整体运转，特别是其内部通过自我调整来适应其所处的各种外部条件的能力，用“生命”一词来描述，还是十分贴切的。这种“自我调整反馈”的过程非常引人注目，再加上地球有产生如此丰富生命形式的能力，它便不再被简单地称为

---

① 英文 see 的本义是看见，引申义是了解、明白。——译者注

“生命之星”，而可以被描述为追求卓越的“生命之星”。

上面使用的比喻和类比丝毫不会削减所述内容的真实性。宇宙更初始的实在只能以一种象征的方式来探讨。地球并非真正的生命实在，是因为它与花、鸟这些生命实在有所不同，但这并不会削弱地球作为生命实在存在的意义，反而会强化地球作为“生命之星”的意义。地球使其中多种多样的生命形式的出现成为可能，而不只是仅包含一些单一的生命形式。地球之上的生命，由一生二，由二生多，物种繁荣，迸发着蓬勃生机，绝不仅仅是分裂出另一个地球这么简单。

这一切奥秘中，最深层的秘密无疑是这些生命形式的存在方式，从海里的浮游生物和土壤中的细菌，到巨型红杉或最大型的哺乳动物，它们在所有生命系统的全面关联中终究会建立千丝万缕的联系。从遗传学的角度来说，每一个生物的密码不仅涉及它自己的内部成长过程，而且与整个地球生命的复杂性密切相关。这便是勃勃生机的意义，它是生命的丰饶之源。

——节选自《盖亚假说：其宗教意义》，见《神圣的宇宙》

宗教的意义

尤其对人类而言，自身存在的各种方式既需要激活物理和生物形态，也需要激活精神形态。人类拥有个体自我、生物自我、地球自我，以及宇宙自我。人类通过如此多面的自我，深深折服于地球上的各种体验。我们渴望遍历地球，看尽此间风景，去体验山川的壮丽，拥抱大海，泛舟河流，翱翔天际，甚至超越地球的边界，遨游太空。所有这些探索拓宽了生命的宽度，也超越了单纯肉体的刺激。有了这些经历后，人类对自身更深层的追问便悄然开始，进而去探究存在的最深邃的奥秘——万物的神圣起源，也就是关于地球乃至整个宇宙的出现、存在以及获取最高层次的圆满的奥秘。

因此，科学家试图了解地球的所有地质和生物形态，研究原子和亚原子世界的内部构造。甚至人们最近关注地球作为一个生命有机体的问题也不是来自武断的感觉，即认为这不过是人类思维的一次有趣冒险。事实上，人类是在努力寻找自我的旅程中被迫进行这种探究的。这是一场神秘的冒险，因为它的最终目的是实现与万物起源的终极实在的最后交融。个人的努力奉献、对生活的规律守则的遵从、新发现带来的振奋激动、人与人的差异、身份的认同、对一致性的寻求、智识深陷绝境的时刻——所有这些都揭示了对更深层启示经验的探索。因为诞生我们的宇宙不断地召唤人类回到它的身边。同样，地球也在召唤人类以及地球的所有组成部分回到它的身边，并使这些组成部分不仅在彼此之间建立亲密联系，而且要与所有存在于地球的实在所处的更大共同体之间建立一种亲密关系……

事实上，在这个方向上的科学探究为一种新的宗教体验奠定了基础，这种体验不同于人类历史上早期的宗教 - 精神体验，但与之有着深刻的联系。由于宗教体验来源于对自然界的敬畏之心，宗教意识始终与宇宙观相关，这表明了万物在初始阶段是如何产生的，它们是如何发展成现在的样子的，以及宇宙如何以世俗方式显现，如何继续创造性地自我表达，人类在这个神秘过程中起了什么作用。

——节选自《盖亚假说：其宗教意义》，见《神圣的宇宙》

多样性和统一性

从宗教的角度来看，我们不禁会慨叹万千，地球上的生命多种多样、多姿多彩，却能被紧紧统一在一起。地球本身就足以促使宗教意识的产生，并展现出存在的深层奥秘。托马斯·阿奎那将“差异”解释为“宇宙的完美”。如此一来，一个事物所缺乏的完美就会由其他事物来弥补。

或者我们可以改写上面这段话，将其简化，即在大一统所蕴含的多样性中，存在的深层奥秘可以被呈现得更加完美。这就提供了一种看待地球特殊地位的方式，地球的存在无与伦比，远非其他我们所知的存在形态可以比拟，因而它彰显了存在的最高层次。只有在地球上，万事万物最辉煌壮丽的多样性才会被呈现，并且融合在无与伦比的统一性当中。

在这种背景下，我们就能理解地球被赋予的特殊神秘性。在其自身的显现中，地球也揭示了事物的终极奥秘。在这样全新的科学理解语境中，人类最早期对宇宙的认识唤起了人类对此的敬畏感和神秘感。以前通过对空间的意识来感受这种敬畏和神秘，通过时间在循环往复的季节轮回中感知这种敬畏和神圣。

如今的人类不再单单庆祝生命世界的季节性更替，而是在周围的世界中体验宇宙如何以其全部的创造能力孕育新生命。作为这个过程中不可分割的一部分，我们带着后批评时代的天真纯净来愉快地体验宇宙。

几百年以来，在我们西方世界的科学探索中，人们对宇宙和地球进行了如此深入的沉思冥想，这是前所未有的。事实上，科学冒险本身就有一种神秘品质。这种对了解和参与探究万物奥秘的神圣追求和献身精神，把人类带入了一种新的启示体验。虽然没有必要成为专业的科学家，但我们绝对有必要了解宇宙和地球的基本情况，更何况，科学现在已经把这些故事准备好了。

——节选自《盖亚假说：其宗教含义》，见《神圣的宇宙》

宇宙运行的三原则：差异化、主体性、交融性

从大约 140 亿年前宇宙爆炸起源的那一刻起，一直到地球的形成、生命和意识的出现，乃至经过人类历史的各个时代，这些宇宙的支配原则一直统领着整个进化过程。这些原则，在过去只是被人们的直觉过程感知，现在则被科学推理所理解，只是它们赋予人类的启示还未能让人类付诸任何有效的行动。倘若人类要继续冒险下去，生态时代现在必须在宇宙的大背景下让这些原则复苏。宇宙运行共有三大原则：差异化、主体性和交融性。

差异化是宇宙最初始的表现。在数十亿度高温的炙热中，原始能量不是以某种均匀的污迹或果冻状物质的形式迸发的，而是以辐射和差异化的粒子的形式，最终以某种元素序列的形式迸发到宇宙的广阔空间中，并展现出令人叹为观止、无法穷尽的特征。粒子进一步被类比成由高度个性化的星辰之海组成的星系。任何地方都能发现这种差异化的过程，在太阳系所有行星的阵列中，地球的形成是整个宇宙中高度差异化的实在。地球上的生命形态各异、多姿多彩，其多样性难以穷尽。人类也是如此：甫一出现，就立即表现为多种多样的存在样貌，经过几百上千年的时

光，仍在不断发展变化。

第二个主要原则是不断提升的主体性。从氢原子的形成到人类大脑的形成，内在的精神统一性一直伴随着更复杂的存在而提升。这种不断提升的内在能力包括通过更复杂的有机体的构造来提升机能的统一性。主体性的提升与中枢神经系统越来越复杂有关，随着神经系统和大脑的发育，有机体的活动有了更大的自由。地球活动通过这种方式开始变得自由，越来越由自身各种力量的相互作用而决定。传统上，神秘的力量与宇宙的每一个实在相联系，而现今却与主体性相关联。

宇宙的第三个原则是宇宙的每一个实在与宇宙中其他实在的交融性。科学证据以一种宏大的视角证实了一种古老的认识，即人类生活所在的宇宙——它是唯一的，但也可能是变化多端的，是能量迸发的过程。整个复杂星系的统一性是当代物理学最基本的经验之一。虽然原著民族都已认识到宇宙的整体一致性，伟大的文明肯定了宇宙的统一，世界各地的创世神话中也解释了宇宙的统一，柏拉图在他的《蒂迈欧篇》中概述了它的统一，牛顿在他的《原理》中也对宇宙的统一做了宽泛的介绍，但是，没有任何时代能像20世纪的科学家那样清楚地介绍宇宙的全部起源关系。

——节选自《生态时代》，见《地球之梦》

第2章
地球的灵性

贝里思想最重要的贡献便是对地球的主体性的认识：主体性存在于每一种生物和生态系统中，乃至存在于整个地球中。地球具有主体性可以为贝里的讲述提供语境，在贝里的讲述中，地球的神圣维度可以唤起人类由衷的敬畏和赞叹。对地球主体性的思考，他深受耶稣会科学家皮埃尔·泰亚尔·德·夏尔丹的影响。

泰亚尔认为，宇宙从诞生伊始就有一个物质的和一个精神的内核——物质和精神随着时间共同进化。由此看来，人类的意识不是宇宙的附属品，而是宇宙不断膨胀的延续。当人类表现出一种特殊的自我反思的意识时，人类也愈加意识到其他物种也有自己的认知方式。物质本身的内在性，即一切事物的主体性，是允许交流和互惠的。此外，这种内在性导致了整个宇宙和地球万物的组合模式不断差异化。这种模式组合的结果是使万物更加复杂多样，自主意识不断提升，最终产生了早期多细胞生命、游鱼、飞禽、走兽乃至人类。组合出的模式中有些东西超越了自身的样貌，这被称为新事物涌现。物质的显现特征——一种自我组合的动态过程——带来了复杂的生命系统。

贝里诗意地把这种显现描述为"生命诞生的神圣母性原则"。正是基于此原则，人类与宇宙和地球的发展进程是深度交融的。就如同生命从这些进程中诞生一样，人类的精神也在与地球共同体的相互作用中产生。

为了说明人类如何将自己置身于地球的灵性之中，贝里借鉴了美国本土印第安人和其他地区原住居民的祷祝仪式加以阐述。人类将自己置身于充满宇宙力量的世界和充满灵性的地球之上，希望能以宇宙的力量和地球的灵性来应对生命的诉求——生老病死的人生际遇、无法言明的怅然若失、无可奈何的苦难折磨等。中国人也有类似的方面，如把人看作天地的心性——人是生机勃勃的地球自我反思和感情的存在。

人与天地的亲密关系正是贝里希望通过感恩和互相给予再次唤醒的。贝里会在里弗代尔中心的阳光门廊上同大家讨论这些感性的小感悟。他时而会指着门廊窗外那棵高大的红橡树与大家畅所欲言。贝里常常提及，这棵树已经有400多年的历史了，他想知道400多年前，这棵树在亨利·哈德逊扬帆逆流而上的历史时刻发生了怎样曲折离奇的故事。他也会想象，这个生物区域在2亿年地质时间的长河中经历了怎样的沧海桑田，甚至早在宇宙起源之初它又是什么样子的。贝里透过时间的长河来体味生命之间的血脉相连和传承互助，并对那些聚集在大红橡树枝头下的人们共同参与编织宇宙故事的行动心怀感激。他认为，至少红橡树下的人们情感间的连接会产生一些积极的力量。在如今发生的第六次物种大灭绝中，有的物种逐渐消失。贝里说，这些物种的消失，使神圣的故事走入了低谷。

地球精神

地球的灵性是地球本身的一种特质，而不是与地球有特殊关系的人类的灵性。地球是人类的母体，人类生于地球，并从地球获得赖以生存和现在所拥有的一切。人类源自地球并依靠地球而存在，简而言之，我们是地球人。地球是我们的起源之处，也是我们的孕育者、我们的教化者、我们的疗愈者，给予我们满足感，是我们精神世界的寄托。人类和地球彼此交缠，有着千丝万缕的联系。若地球无灵性，则人类的灵性也无从谈起。

如果人类认识不到地球的精神维度，那就显示出其精神感知力的严重匮乏……

现在，我们需要与地球进行一场深层而神秘的精神交流，需要真正地审视地球的至美，需要感受地球的呼唤，需要建立有效的地球经济。我们要找到一种方法，用延续性和同一性来看待地球－人类世界，而非用割裂分化的方式来看待它。其中，最需要做的便是认可地球神秘的精神属性。

我们可以从了解人类是怎么回事，人类意识在地球上所起的作用，以及人类这一物种在宇宙中的地位开始入手。西方对人类的传统定义，是把人看作一种理性的动物。这一定义虽将人类置于生物物种之中，却无法充分阐释人类在整个地球进程中所扮演的角色。例如，中国人把人定义为天地之心，“心”字是象形文字，描画了人类心灵的样貌。“心”可以被翻译成一个字或一个短语，既可表达感情，也可表达理解。我们可以这样翻译：人类是“通向天与地的共鸣之心”。在同一语境下，我们可以说人类是“宇宙的心灵”。而另一种对“心”的阐释方式将人类看作“宇宙的意识”或“宇宙的心智”。在这里，我们对人类所包含的方方面面慨叹不已，对人类与实在的完全融合叹为观止，对人类与实在内万物的完全融合啧啧称奇。

人类需要一种灵性，它表现在自身更深层次的实在中，它需要与地球进程本身一样深刻，需要诞生于太阳系乃至超越太阳系的苍穹。只有在广袤的星系之中原始元素才能形成物质和包含精神的实体。这些原始元素形成了太阳系和地球，地球上又出现了人类……

今天，人类走到了一个新的阶段，我们可以把人类所经过的历史和宇宙的发展看作一个同样的过程。这一新阶段是地球－人类发展的愿景，会给当代世界提供持续的动力。人类必须加强对这一愿景的认识，语言和形象都要承认这股愿景的力量，这一愿景与生俱来就兼具物质和精神两个维度。统一的发展进程需要对其整体形式设置合理的名称且让人类能信手拈来。正如我们看到特定有机体的运行自成体系一样，地球本身的运转也遵循着一个统一原则。有了统一原则的指导，地球才能形成丰富多彩的现象。因此，当再谈及地球时，我们说的其实是创造所有生命的神圣母体。

——节选自《地球的精神》，见《神圣的宇宙》

神圣的宇宙

宇宙呈现了一种神圣感。这一认知是建立一切宇宙秩序的基础，是准确了解宇宙，甚至宇宙每一部分奥秘的方式。这就是为什么在人类意识的最初阶段，人类把万物起源的故事看作一种至高无上的孕育法则，看作一种原始的母性原则，或者称其为“伟大的母亲”。人类国家的一些原住民族认为宇宙万物伊始是“玉米母亲”或“蜘蛛女”。那些崇敬“玉米母亲”的人把一穗玉米放在婴儿的摇篮里，此举寓意为婴儿带来抚慰和安全感，希望让婴儿深刻地感受到这种感觉。从婴儿离开温暖、安全的子宫，诞生在相对充满凉意和时时变化的生命世界的那一刻起，玉米穗就是神圣的存在，是一种祝福。

我们应当铭记，不仅是人类世界被安全地包裹在这个神圣的襁褓之中，甚至可以说整个星球都是在这个神圣的襁褓中安然度日的。这种安全感贯穿于生命的始终。神圣的事物能唤起人们内心深处的感叹。我们可能对一些事物有所了解，但实际上，我们所知的或许只是这些事物的表象。当夜晚降临，我们长久地伫立海边，倾听着汹涌澎湃的海浪拍打着沙滩的声音，看着那海浪越涨越高，涨到极限，再也无法冲到更高处，然后回归原本的平静，直到月球引力召唤它们再次到海滩上征伐。

因此，人类可能会实现一个令人满意的愿景，但它会转瞬即逝。当它消失之后，人类又会回到对囊括世间万物的一种存在的深刻感知中。

——节选自《奇迹的世界》，见《神圣的宇宙》

在宇宙中生存

当看到自然现象，你能否窥其本质呢？不禁要问的是：你看到了什么？当你仰望夜空，看到午夜苍穹背景中闪烁的群星时，你看到了什么？破晓时分，东方地平线露出曙光时，你看到了什么？夏末秋初，飞鸟准备南下，层林尽染、万木萧瑟之时，你想到了什么？夜幕降临，当你远眺波涛澎湃的大海的时候，你的脑海中又浮现出什么？你是否能够了解这些景象所昭示的本质意义呢？

远古时期的人类在自然现象中看到的不仅仅是世界转瞬即逝的表象，还是一个持久存在的世界，它有着昼夜交替，白天有着炫目的骄阳和斑斓的云彩、夜晚繁星璀璨。古人在脑海中勾勒的世界，是人类被一种深邃的情感所包裹保护的世界，这心中的世界曾经是人类的卫士、引路人、安抚者；是人类诞生，获得滋养、庇护、指引的来源，也是人类将要回归的命运旅程的终点。

最重要的是，这个世界提供了人类在危机时刻所需要的精神力量。人类世界与有形世界和宇宙世界一起，构成了一个有意义的三维存在共同体。这在儒家思想中被表达得淋漓尽致——人被视为天地人三位一体的一部分。宇宙世界所拥有的力量就仿佛是个体的人一样，人们可以用人类世界中的相处方式来对待它。人类建立了各种仪式，人与人之间可以以此相互交融，人与地球和宇宙的力量也可以互相交融，共同形成一个完整的共同体——宇宙。

虽然人类把自己定位于宇宙的中心，但其实人类已经明白宇宙的中心无处不在，谁都可以把自己视作宇宙的中心。例如，北美的土著民族向东南西北的神圣供奉了圣笛，这样自己便在一个神圣的位置突出了自身的地位，他们与四方力量一起进入一种有意识的存在，如狩猎时向四方神力寻求启示，在战争中祈求获得力量，在患病时祈祷获得治愈，在决策时寻求支持。其他文化也认识到了人类和宇宙力量之间的关系。在印度、中国、希腊、埃及和罗马各国，人们通过树立神柱来标记一个神圣的中心点，它为人类处理各项事务提供了一个参照点，并将天与地连接在一起。

人类各个群体还通过季节性地举行其他仪式来对宇宙的神圣表达崇敬，以此让自己的存在更加心安理得。从易洛魁人的秋季感恩仪式上，仍可以看到用仪式来稳固人类自身存在的证明。在仪式中，易洛魁人依次向太阳、大地、风、水、树和动物表达人类的感恩之情，感恩让人类得以繁衍生息。很明显，这些人看到的宇宙和我们看到的不一样。

我们已经切断了与万物其他更深层次的实在的联系，站在一片满目疮痍的大陆上，万事失去圣洁，万物失去神圣，再无法拥有一个具有内在价值的世界，再无法拥有一个充满奇迹的世界，再无法拥有一个未被开发、未被毁坏、未被利用的世界。人类以为自己理解了一切，但其实没有，实际是已经用尽了一切。通过"开发"地球，人类已经把地球变成了一片新的"不毛之地"。自从 6500 万年前恐龙大灭绝以来，还没有发生过如此大规模的生物灭绝，科学家指出，我们正处于地球历史上第六次物种大灭绝时期。

——节选自《奇迹的世界》，见《神圣的宇宙》

肆虐生灵

生态时代培育了人们的深刻认知，人们认识了宇宙内部每一种实体的神圣存在。从天上的星星、太阳以及天上万象到深海和大陆，从一切有生命的花草树木到海洋中多姿多彩的生命，从林中走兽到空中飞禽，对于这些，人们都应怀有一颗敬畏尊崇之心。肆意毁灭一个鲜活的物种，就等于让一个神圣的声音永远沉寂。人类需要世间万物，这是一种精神需求，而不是肉体上的需求。生态时代寻求建立和保持万物主体性，这种主体的真实性是每个个体存在的核心。如果这是人类诞生之前生命的状态，那么人类诞生后的时代也应如此。

——节选自《生态时代》，见《地球之梦》

人类与地球的亲密关系

人类与地球的互动不仅仅是为了实用、增进学术理解或美学鉴赏，人类需要与地球乃至整个自然界建立真正的密切关系。因此，我们需要向子孙后代恰当地介绍他们未来要生活的世界，如广袤大地上的繁花密林，以及禽鸟聚居处不绝于耳的啁啾之声，还有那千变万化的自然现象……

由于人类对宇宙有了新的理解，所以我们要再次回到人类与地球的关系问题。宇宙已有约 140 亿年的历史，地球已有约 46 亿年的历史，人类此时的出现，也还是新生事物，仿佛昨日才降生于世，尚在牙牙学语，因此需要在地球上展露自己的风采，就像这个星球一直在真诚地坦露胸怀一样。人地之间的关系应该是相互感召而不是谁支配谁。人类对地球要怀有赤子之心，以及崇敬之情。

这样的崇敬之情可以从豪德诺索尼人，也叫易洛魁印第安人身上学到。他们的感恩节仪式是人类已知的最盛大的仪式之一，这里无法详述这个仪式的完整过程，但确实可以用大家反复使用的一个短语概括——回馈和感恩。他们感恩大地母亲延续了万物生命，感恩川流不息的河流溪水滋润万物，感恩山间百草、蔬菜瓜果可以果腹，感恩灌木深林给予生机，感恩日月星辰照耀大地，感恩上天对万事万物的精神指引。

我们要用细腻的情感和感激之情去体悟宇宙！这些是促使人类意识觉醒的主要体验。正是这些惊为天人的敬神时刻展示了地球的无限魅力。11 世纪中国哲学家张载的著名作品《西铭》巧妙地表达了人与地球的亲密感。《西铭》挂于他书斋的西墙之上，以便他能时时看到。内容写得很简单："上天是我的父亲，大地是我的母亲，即使我如此渺小，也能在天地之间和谐处之。那遍及天地的，我将其视为我的形色之体；而那指引万物的，我将其视为我的天然本性。黎民百姓皆是我兄弟姐妹，世间万物俱与我同类。"①

此外，16 世纪早期中国哲学家王阳明告诉我们，一个得到真正发展的人是能够意识到身体心灵与天地万物是一体的人。他提道："对于君主与臣下，丈夫与妻子，还有朋友，乃至于山川河流、神明幽灵、飞鸟走兽、林木草叶也是一样，我都给予了真情实感的爱意，以此来实现我统而为一的仁德之性。然后，我的磊落德行就会有所显明，这样才能真正与世间万物合为一体。"②

---

① 出自张载的《西铭》。原文是："乾称父，坤称母；予兹藐焉，乃混然中处。故天地之塞，吾其体；天地之帅，吾其性。民，吾同胞；物，吾与也。"——译者注

② 出自王阳明的《大学问》。原文是："君臣也，夫妇也，朋友也，以至于山川鬼神鸟兽草木也，莫不实有以亲之，以达吾一体之仁，然后吾之明德始无不明，而真能以天地万物为一体矣。"——译者注

印度史诗《罗摩衍那》也有类似内容，阐述了印度与自然世界的密切联系。《罗摩衍那》描写了流亡在外的罗摩和悉多悲欢离合的故事。其中有他们在深山老林中游荡，与花草树木、灌木野果、巨象野猴、飞鸟走鹿亲密接触的感人场景。在印度，还有人们耳熟能详的动物故事《益世嘉言》，通过讲述有趣的森林动物的生活故事来传授智慧。

亲密关系无处不在，生命共同体的所有令人敬畏又让人向往的品质也无处不在，这在西方先验论和浪漫主义文学传统中也有所体现。这些传统兴起于 18 世纪末期的德国，通过英国的柯勒律治和美国的爱默生传入英语世界。在这样的背景下，美国人发展了自己对自然界的情感，体现在沃尔特 · 惠特曼、亨利 · 梭罗和约翰 · 缪尔的作品中，此后，这些经典作家的主题又在其他作家如阿尔多 · 利奥波德、洛伦 · 艾斯利、玛丽 · 奥斯汀、约瑟夫 · 伍德 · 克鲁格、加里 · 斯奈德、爱德华 · 艾比、安妮 · 迪拉德、巴里 · 洛佩兹、特里 · 坦普斯特 · 威廉姆斯等人及众多艺术家和音乐家的作品中得以延续。

随着近代众多描写自然的作家的推介，人们对宇宙的新认识开始成形。我们把对宇宙的科学理解用故事的形式来讲述，这些科学的宇宙故事承担了以前神话创世故事所肩负的任务。自然学家不再是单纯的浪漫主义者或先验论者，他们会在著作中充分运用科学数据。在科学传统的背景下，人类与宇宙开始了一段崭新的亲密关系。

——节选自《人类的存在》，见《地球之梦》

第3章
重回地球村

从托马斯·贝里的角度来看，人类与自然界的奇观异景相遇，可以让人类的内在精神之旅获得圆满。贝里把奇观异景理解为一个入口，它可以通向人类的天然野性，并与未开化的野地荒原相连。对贝里来说，与野地荒原的接触是观察大自然动态维度的一种方式，他没有把大自然视为由人类操纵、剥削或依附情感的对象，而是认为人类内在的灵魂与外在荒野能产生共鸣，认为自然界的雄伟壮丽和错综复杂能够激发人类内在的天性。在下面的文章节选中，重回地球村的寓意是，人类与生态系统中的有机和无机生物的复杂组合再续前缘。

要做到这一点，人类必须扩展对融入自然及其可渗透边界的深层理解。贝里的意图是敦促我们扬帆驾驭大自然的发展洪流，就如同使用可以让关系亲密无间或敬而远之的语言一样，通过人前人后使用语言的迥异来促进人际沟通，这种促进人际关系的语言对人地关系也有助益，人们通过这种语言理解人与自然相互启发的性质。二者都向对方展示了自己，在展示过程中，进化之旅的某些奥秘得到互相交流。那些能够并且愿意对大自然明察秋毫、用心领会且张开怀抱的人，就会向不断变化、更加丰富的边界敞开胸襟，从而孕育出一种精神智慧。

正如生态学家试图确定不同生态系统的可渗透边界一样，贝里也意识到不同的文化系统和宗教传统也有相互毗邻的边界，因此，它们可以相互启示和相互促进生成。文化系统与宗教传统相互区别又相互关联，即便是历史记载也会时而突出这些区别和联系，时而又掩盖它们。例如，世界宗教的历史记载着重展示了个人和群体与自然界的复杂互动以及对自然界的理解。又比如，贝里强调“天命论”时期人类在北美大陆的定居其实掩盖了各民族、动物、植物、土壤和各个地方走向退化的事实，他呼吁人们睁开眼睛看看某些原住民族（如西南部的普韦布洛人和纳瓦霍人，高原上的拉科塔人和克劳人），尽管数百年来他们一直承受着被主流民族边缘化所带来的苦难，但我们仍需要了解他们是如何与北美大陆这片土地创造性地融合在一起的。

置身于宇宙和生态故事的漩涡之中，人类参与这些故事所产生的种种反应，在每个文化传统中都能找到。也是基于此，贝里十分认可中世纪诗人但丁在《神曲》中所表达的情感控诉。当一颗已经异化的人类心灵返回到原点时，那里已经堆积了事物的种种不同，人类的反应必然会爆发出来。贝里认为，在“躁动的美国”这样的背景下，人类心灵的回归仍然是一个特别具有挑战性的问题。温德尔·贝里①作为诗人和农民，在他的书《躁

① 文中其他“贝里”指“托马斯·贝里”，而“温德尔·贝里”用全名表示。——译者注

动的美国》[1] 中提醒我们，在驯化这块北美大陆的过程中，即在积极的“做事行动”中，我们没有意识到还有一个生态系统领域，那里有人类“未做”的事情。

贝里直面这段人民、土地和物种被剥削蹂躏的历史时期，追问了四个问题，这些问题在他的整个探究中可以起到精神指引的作用：欧裔美国人将如何挣脱所谓理性剥削世界观的桎梏？我们应该对美洲大陆上惨遭蹂躏的原住民族做出何种反应？人类如何恢复与动物的关系，特别是如何满足它们对栖息地和生存的需要？最后，我们将如何证明北美大陆正在行走的道路能够让人们通向其中一种可行的未来？

贝里本人曾多次与加拿大原住民族“第一民族”领导人进行对话，他出席了加拿大安大略省乔治亚湾的一次聚会。莫霍克族首领汤姆·波特在听完贝里的公开讲话后称他为“祖父”。他在发言中激动地说，贝里的话让他想起了他年轻时的那些长辈们。这些交流及其带来的认同感，进一步推动了尊重文化多样性和推崇生态完整性的对话。

重归故里

久别之后，我们将重回故里，再次与地球村的远亲故友相聚。长久以来，我们一直远离故土，沉醉于由电线和车轮、混凝土和钢筋组成的工业世界，沉醉于永远望不到头的高速公路，带

---

① 又译为《美国的不安》，1977 年版，美国的农夫作家温德尔·贝里在这本著作中阐述了人们对待土地的两种态度：剥削和培育。——译者注

着无休止的狂热在高速路上风驰电掣。

这个世界生机勃勃，万物生长；有黄昏与黎明，有夜幕中的繁星点点；风雨掠过之处，山花烂漫，溪水潺潺；林木万象更新，枝繁叶茂的核桃树、高大挺拔的橡树、错落有致的红枫、亘古静穆的云杉与刚劲挺拔的青松交相辉映；有漫天黄沙，也有绿草茵茵，在这一切所营造的环境中，鹰隼欲与天公试比高，嘲鸟山雀啁啾鸣啭，还有山鹿、野狼、熊罴、鲸鱼、海豹，以及逆流而上繁衍的鲑鱼——所有这些构成了野生世界，它被人类重新发现，这次人类对此怀着真挚而小心翼翼的情感。这种体验犹如但丁在《神曲》第二部分“炼狱”的结尾遇见比阿特丽斯，她站在云朵般的花团中缓缓降临。对但丁来说，这等待是如此的漫长，他清楚自己在等待中已经背叛了初恋，现在又重新感受到内心的“刺痛”，就像他在童年时第一次见到比阿特丽斯一样。“古老的火焰”再次在他的内心深处点燃。但丁所描述的这次重聚不仅是个体的经历，而且是在经过了漫长的异化和脱离了真正的原点之后，人类整体与神和解那一刻的体验。

人类回归地球村之时，便能体验到这样一种亲密感情的点滴。这种亲密感绝不仅仅是走出困境的经济体，不仅仅是生态学，甚至不仅仅是深生态学①所能传达的情感。这是一种影响力，也是一种认知。地球村是一个原生态社区，我们不可能与之

① 深生态学（Deep Ecology）是由挪威著名哲学家阿恩·纳斯（Arne Naess）创立的现代环境伦理学新理论，它是当代西方环境主义思潮中最具革命性和挑战性的生态哲学。深生态学是要突破浅生态学（Shallow Ecology）的认识局限，对所面临的环境事务提出深层的问题并寻求深层的答案。——译者注

讨价还价；它也不能简简单单地被人研究、检验或做成任何形式的物体；除非它遭遇利诱或逼迫，难以逃脱，但它也绝不会被驯化或轻视，最终沦落成人类的享乐放纵之地。如果人类真的肆意滥用地球村的资源，等待人类的将是其他存活物种的血腥报复，因为当它们的生存环境受到巨大的威胁时，人类自身也将濒临毁灭。

如果地球对人类的存在不再友好，那一定是因为人类首先对地球及地球上的栖息者不够尊重，不愿承认各物种栖息地的神圣不可侵犯，对每一个存在于地球上的神圣品质缺乏敬畏之心，甚至遗忘了人类最原始的语言能力，即用原始的歌舞，与动物和所有自然现象分享人类的存在。我们可以看看美国和墨西哥边界的格兰德河流域的普韦布洛印第安人如何开始他们的鹰舞、水牛舞和鹿舞，纳瓦霍人如何通过沙画和圣歌仪式来亲近更大的共同体，西北地区的人们如何通过他们的图腾动物来传达身份，霍皮人如何在本族的仪式舞蹈中与沙漠响尾蛇进行交流。这种人与自然的共存也可以在诗歌和故事形式中找到例证，尤其是在草原印第安人的动物精灵故事中，例如，草原狼在这些民间故事中花样百出、智计无双。人类与所生活的世界共存共融的思想，仍然深深扎根于我们的内心，超越了一切文化传统所施加的压制力甚至对立情绪。

即使是在西方传统中，这种共存思想也能在人生重要场合的表达中找到，比如在希尔德加德·冯·宾根身上，在方济各·亚西西身上，甚至在昼夜交替和季节轮回的祷祝仪式中。黎明和黄昏的宇宙祷祝仪式尤其传达了自然现象的神性。同时，在中世纪的动物寓言集中，我们发现了一种把动物世界类比成人类世界去交流的特殊形式。在这些故事的象征意义中，特别是在与各种动物相关的道德品质中，我们发现了一种相互启发的体验。关于这些动物的故事妙趣横生，使用了与人类共同的语言，体现了人与动物互相关爱的能力。然而，这一系列与自然界密切共享的运动，却常常被人类厌恶，在精神上排斥，甚至人类会远离它们，认为自己天生就与任何真正的生命共享无缘。即使在最好的情况下，也是让动物世界顺从人类，人们甚至常常用贬低动物的方式把它们带到人类的环境中，比如，人类往往把邪恶品质投射到动物世界的狼、老鼠、蛇、蠕虫和昆虫身上，而很少与动物所处的天然世界产生共鸣。

然而，在人类活动的各个阶段，在各行各业，变化已经开始。加里·斯奈德的诗歌传达出了一种大地“野性神圣”的特质；保罗·温特的音乐回应了野狼的呼号和鲸鱼的歌声；罗杰·托里·彼得森把人类带入了鸟类的世界，与之亲密接触；乔伊·亚当森孤身走进了非洲狮子的世界；珍·古道尔融入了黑猩猩的社交世界；戴安·弗西接触了大猩猩的世界；约翰·李利深深地沉醉于海豚的思想世界，无法自拔；法利·莫瓦特和巴里·洛佩兹对北美灰狼展开了研究，并深入狼穴；还有其他学者学会了蜜蜂的舞蹈语言和蟋蟀的夜间鸣唱。

人类与地球上丰富多彩的生命形态进行了亲密接触，这种接触魅力无穷，不仅要了解各物种的日常生活和内心情感，而且要与野生环境中的动物个体建立亲密融洽的友好关系，甚至是更深入的情感关系，如给每一只已知的鲸鱼起名字。事实上，野生动物中的一些个体正被载入人类的历史，大猩猩迪基特就是一个例证，从它的葬礼上可知，它生前与戴安·弗西关系很近，而弗西被人类同类枪杀身亡则有力地证明了，虽然人类在野生动物世界里人身安全可能无法得到保证，但在所谓的人类文明社会里，我们其实也活在骚动不安的环境中，危机重重。

现在，世界原始民族的一个重大历史使命不仅是继承并发扬他们自己的传统，而且要召唤一种更本真的存在方式。尽管我们再也不会体验到人类早期直觉的或者强烈的经验特征，但我们却体验到后批判时代的纯真自然，一种相对于地球及生活其上的万物的真实存在，这份存在包括并且超越了经过多年观察与反思而获得的现有的科学理解。

幸运的是，我们已经在北美大陆的原住民族身上看到了肯定被认为是直觉的体验，从他们细腻的情感和表达方式中都可以看到这种直觉体验，情感传达体现了人类与地球、人类与整个自然界现象的亲密关系，以及天人合一的传统，人类与其他生物共同体的和谐共处。甚至我们与北美大陆原住民族哪怕只有一点点的接触，也往往是一种令人激动的体验，这种体验因人类自身经历了与自然的分离而愈发令人振奋。在对地球的传统表达中，原住民族成为人类通往其中一种可维持发展的未来的较为可靠的参考。

在人类与自然界的共识瓦解的整个阶段，为数众多的族群逐渐走向没落，幸存的各个民族表现出了不可摧毁的精神，指引我们接近地球的本质结构和基本运行规律。即便有人试图把对待自然的咄咄逼人的姿态强加给这些民族，他们也没有屈服。在后批判的无知时期，我们又进入了能够再次直接体验生命的时段，体验周围自然现象的魅力所在。关于宇宙的科学故事使我们对这些人类早期的故事有了新的认识，而这些故事是通过文明边界之外的各个民族的持续存在而流传下来的。人类与宇宙的故事居然是这样传承下来的，岂不有趣？

如今，人类正在重归宇宙或者说地球和所有生命的原始共同体，每个主体都具有自己的声音、自己的角色、自己对整体的影响力。但最重要的是，每个主体都具有其特殊的象征意义。生命的振奋人心之处在于我们彼此给予对方的神圣体验，在于对存在的欢欣鼓舞、华美绚烂的庆贺，万事万物在自身存在中获得了至高的表达，因为宇宙是独一无二、光彩夺目的。

——节选自《重归故里》，见《地球之梦》

北美大陆

现在摆在我们面前的只有一个问题：生存。生存不仅是指肉体上的生存，还是指生活在一个精神圆满的世界里；生存，也是指生活在一个充满生机的世界里，在这个世界中，紫罗兰在春天绽放，群星带着无穷的奥秘在夜空闪耀；生存，又指生活在一个充满意义的世界里。所有其他问题都变得不那么重要——无论是法律、政务、宗教、教育、经济、医学、科学还是艺术方面的问题都不再重要。目前这些领域的内容千头万绪，因为我们告诉自己：人类无所不知！对一切心领神会！能够明察秋毫！而事实上，人类所知所感与其祖先在这片土地上感知到的一样，只是一个可以被剥削利用的大陆。

4 个世纪前，当人们刚刚来到这片大陆时，看到了可以让我们逃离欧洲的君主统治、王权世界和受奴役生活的机会。在我们面前是一片广袤富饶的土地，人们可以拥有自己的财产，并随心所欲地支配它们。在脱离了君主的辖制，成了这片区域自然事物的主宰之后，人们眼中的新英格兰的树干直径6英尺的白松林，已经不再是森林，而是加工后的木材。广阔无垠的草原不过是可供耕种的土地，河流不过是帮我们盛装丰富鱼类的容器，而这片大陆就是等待天选之人任意开发的土地。

当这片大陆的移民初来乍到时，认为自己是最具虔诚信仰的民族，拥有最自由的政治传统，是学府殿堂中儒雅饱学的志士，拥有所向披靡的科技力量，持戈试马，能将所有经济优势物尽其用。我们把自己看作对这片大地的神圣恩赐，而实际上，只是这片无辜大陆上的掠食者。

每当想到美国的"天命论"观点时，我们也许希望，要是那些最先踏上北美大陆海岸的欧洲人能够在一开始就获得一些睿智的忠告，明确自己真正的角色定位就好了；我们也许希望，在过去的四个世纪里，要是能够得到一些引导，以帮助人类成为一个活得更有意义、更有质量的物种就好了。当移民者第一次踏上北美大陆的海岸时，曾有一个特别且唯一的机会来修正自己的行为，进而改变整个西方文明的进程，让自己和西方文明与这片大陆融为一体。

可是，我们没有把握住这个机会，而是听从了启蒙运动哲学家们的建议，他们竭力主张要控制自然：弗兰西斯·培根（Francis Bacon，1561—1626）和勒奈·笛卡儿（René Descartes，1596—1650）推介了将有意识的自我与物质世界分离的思想，约翰·洛克（John Locke，1632—1704）则认为人类劳动是赋予土地价值的唯一途径。1776年，《独立宣言》借鉴了亚当·斯密（Adam Smith，1723—1790）的《国民财富的性质和原因的研究》（《国富论》）的思想，这本书从诞生至今对经济领域产生了不少深刻的影响。当时政治的独立为经济主导自然界提供了理想的环境。

作为圣经传统的继承者，人类相信这个星球属于自己。我们从来不知道，这个大陆有它自己的自然法则需要遵守，有它自己的启示经验需要领悟。我们只是在最近才开始对人类所在的更大的生命共同体进行思考，但直到现在还以为自己不必遵守统治这片大陆的原始法则，不必尊重每一个活着的生物——从最无足轻重的昆虫到空中巨大的雄鹰。人类没有认识到自己有义务在雄伟的山川、茂密的森林、广袤的草原、苍茫的沙漠和蜿蜒的海岸线面前保持谦卑。

北美大陆的原住民族想要教我们认清土地的价值，但不幸的是，我们无法理解他们的价值观，因为已被所谓“天命论”的白日梦蒙蔽了双眼。与此相反，我们惊诧于他们的价值观，并表示反感，因为他们居然坚守简朴的生活而不是信奉勤奋的劳作。我们想把自己的价值观强加给他们，却从未想过从他们身上学习新的价值观。虽然我们一直依靠住在这里的原住民族的指导来建立我们的住所，但从不认为自己踏入的是一片圣土，进入的是一个神圣的空间。我们从未像他们那样体验过这片土地——它生机勃勃，它的存在主要不是为了被人类所利用，而是为了获得敬畏，让人类与之交流。

勒奈·笛卡儿告诉我们，在画眉鸟的婉转吟唱中，在野狼的奔跑轻跳中，在熊妈妈与幼崽相互依偎之时，并没有任何生存法则的体现，而游隼翱翔于苍茫辽阔的天际也没有任何生存法则，一切都不值得融入，不值得敬畏。蜜蜂采集花蜜，再把它转化成蜂蜜，这只是一种供给蜂群的简单机制，枫树的存在只是为了给我们提供糖浆。用某位著名科学家的话来说："虽然人类具有想象力、繁殖力和其他力量，也不过是以群体方式生活的细菌，聚拢成有核细胞的单元而已。"①

为了驳斥这种宇宙的还原论和机械论的观点，我们需要擦亮眼睛，提高明辨是非的能力。在《人的现象》的开篇，皮埃尔·泰亚尔·德·夏尔丹告诉我们："可以说，生命的全部在于看见。这也许就是为什么生物世界的历史可以简化为不断完善和进化的眼睛……要么看见，要么就灭亡。宇宙中每一种元素都被存在赠予了神秘礼物，因此也就必须完成它所赋予的任务。"我们需要睁开眼睛看看这片土地的全貌，要看到这片大陆的本质，要想象自己身处东部阿巴拉契亚山脉和西部落基山脉之间的中央山谷。站在此处，我们会惊叹于密西西比河的源远流长，它奔流于此山谷，然后流入与这片大陆南部海岸相连的巨大海湾。如此庞大的水体，包括密苏里河的支流，从西北方向流入，构成了地球上最大的水系之一。其流经几乎整个北美大陆，从东部的纽约州和阿巴拉契亚山脉，到达西部蒙大拿州和落基山脉。

这一地区包括美国大平原，从印第安纳州一直延伸到密西西比河的高草草原，从密西西比河对岸一直延伸到山区的矮草地。这是一片需要我们特别给予尊重的地域。这条河以西的地区拥有地球上最深厚、最肥沃的土壤。其他地方的土壤只有几英寸②

---

① ［美］林恩·马古利斯、多里安·萨根：《微观宇宙：40 亿年的微生物进化》，加州大学出版社 1997 年版，第 191 页。——作者注

② 1 英寸 =2. 54 厘米。——译者注

深，而这里的土壤却有几英尺深，是由经过几百年的洗礼从山上冲刷下来的碎石岩屑形成的。此流域的众多人口全依靠这片土地生活，如此珍贵的土壤需要细心呵护。这里从 19 世纪初就是用于售卖的小麦种植中心，后来成为玉米生产基地，种植中心从东部纽约开始，一直向西延伸至远超地平线之外的堪萨斯谷物基地。

我们站在密西西比河盆地，面向西方，体验北美大陆的神秘、冒险和希望；面向东方，感受它的历史、政治优势和商业繁荣。西边是高耸入云的北美红杉、加州红杉、花旗松和黑松；东边是橡树、山毛榉、梧桐树、枫树、云杉、郁金香杨和铁杉，它们共同见证了这片大陆及其邻近的海洋所创造的奇观。

穿越沙漠、攀登高山或者漫步海边，我们在这些地方，也许可以第一次真正地看到，曙光出现在东方的天际——它的第一道光芒照耀在整个地平线上，然后巨大的金色球体缓缓上升。到了傍晚，西方落日的余晖映入眼帘，璀璨的流星从遥远的天际坠落，如果踮起脚尖，它们似乎就在伸手可及的地方。

我们也可以开始观察季节的更替。大地上，春天万物苏醒，雏菊在草地上盛开，山茱萸开着柔嫩的白色花朵。夏天，可能会经历可怕的时刻：暴风雨淹没地平线，闪电划破天际，黑暗笼罩着树林深处的我们，或者让我们体验到周围世界用它强大的力量表达着自己。这一切的变化尽收眼底，让我们有机会开始想象未来会是什么样的。

关于未来，我们可以做两点评述。其一，地球是一个一次性工程的成果，再无第二次形成机会。虽然由于地球具有强大的恢复能力，许多创伤可以疗愈，但是北美大陆再也不能恢复成以前的模样了，因为我们破坏这片大陆的方式亘古未有、闻所未闻。在之前的物种灭绝中，土地本身仍然有能力修复自愈，但现在要做到这一点则困难得多。其二，这片大陆的原始力量被入侵并且削弱了，其程度之深，使它无法再仅仅依靠自己的力量前进。因此，我们必须全方位地参与到北美大陆的未来发展中。

很明显，如果我们无法保护和促进这片大陆的各种生命形态的生长，这里的生命在未来就不会有什么发展。要想对其进行保护和提供助力，我们的灵魂深处必须有所触动。虽然我们也需要技术的帮助，但技术的力量力有不逮，我们的技术已经背叛了我们。这是一次让人敬畏又害怕的冒险，是一种需要在旷野中进行的事业。我们需要一场变革，就像环保主义者奥尔多·利奥波德（1887—1948）曾经经历的那样，在狩猎的时候，他在奄奄一息的野狼眼中看到了生命之火将熄的瞬间。从那时起，他就开始看到我们人类给这片大陆带来的灾难。我们需要像利奥波德一样，幡然醒悟，意识到野性本身就是它自身存在的新的活力源泉，只有野生世界才有创造力。也正如亨利·大卫·梭罗（1817—1862）所说的："世界的原初保存在荒野之中。"[①] 这些野性体验带来了天人合一，野性世界让我们能感受到某种目前存在的、令人畏惧的、令人惊叹的美，这在现实中是无法理解的，但它呈现了一种神圣与庄严。

——节选自《世间奇观》，见《神圣的宇宙》

---

① ［美］亨利·大卫·梭罗：《行走：智慧的小书》，哈珀柯林斯出版社 1994 年版，第 19 页。——作者注

第4章
对宇宙的崇敬仪式

托马斯·贝里过了几十年修道院式的生活，这种生活方式由一天3次的礼拜祈祷——晨祷、午祷和晚祷组成。他日日都沉浸在光明与黑暗的循环往复中。此外，从圣诞节到耶稣受难日再到复活节，修道生活被编织进了象征出生、死亡和重生的伟大季节性周期。修道生活的礼拜仪式在他心中唤起了一种深刻的情感，即感知人类自古以来是如何同时在宗教仪式和日常生活中，将自己与自然和宇宙的动态联系在一起的。礼拜仪式和周期性的祈祷是在行星生命和天体运动的节奏变化中指引人类，并让人类落地生根的方式。

贝里认识到，宗教传统寻求的是增进代表个人和共同体的“小我”与代表地球和宇宙的“大我”之间的符号联结。然而，贝里观点的值得称道之处并不仅仅在于他对人类与宇宙的符号联结的认同，而在于他也认识到由于有了进化论，现代意识便发生了深刻的变化。他描述了人类自我意识的转变，以前认为自己生活在时间周而复始的宇宙中，后来认识到自己参与了宇宙创生，即时间的线性发展塑造了宇宙。换句话说，人类是新兴进化宇宙的一部分，是地球有机和无机生命共同体的一部分。

贝里意识到宇宙的持续动态或宇宙的演化过程，不应该简单地归结为一个物质和机械的过程。相反，宇宙演化过程展示了一种内在的和继承的“宇宙的契约”，所有的生命都在这份契约中找到了和谐、效力和各自的特性。在这一背景下，贝里认为所有人类的制度和职业都是宇宙及其运行方式的表达。贝里的视角扩展了皮埃尔·泰亚尔·德·夏尔丹的精神层面的观点，继续反思科学研究作为物质实在的“契约”的魅力。贝里看到，小至原子的微观层面，大至星系的宏观层面，科学家对这些领域的研究都有兴趣。

人类的宇宙特征是通过对宇宙的祷祝仪式而有所展现和夯实的。宗教在某些方面具有一定的作用，因为它们的符号系统将人类文化与更大的天体和自然过程联系起来，如星辰轮转、季节变换和一天中的各个时刻变化。

例如，通过这样的仪式，印第安人把自己的孩子与他们的人类社区、地球生命共同体以及恒星和行星的天体共同体联系在一起。另外，古代也曾用祭典仪式强调王权统治的合法性，以王权即天权的理念来统治臣民，并通过崇敬天地的仪式赋予统治的意义和目的。在这些情况下，这些崇敬仪式的政治功能也并没有完全遮蔽它们的基本宇宙取向。事实上，这些崇敬仪式，跨越了民族国家的存在边界后，仍然相似相通，或者和谐共融，蕴含了产生新秩序的种子，也包含了对旧秩序死亡和凋敝的阐释。

在贝里看来，犹太教、基督教等的宗教传统已经清晰地表达了引人注目的宇宙符号象征，这些符号在《圣经》中大部分与人类相关，在世界各宗教的“圣经”中也常常与人类相关。在现代，这些宗教传统最终促使了世俗与科学立场的诞生。贝里描述了对自然科学的客体化研究导致的人类与自然界的异化和分隔。这种情况发生的时候，西方宗教只来得及在人与人的关系和人与神的关系中加强精神关怀和新的认知方式。“令人眼花缭乱的奇观”其实来自人类与地球和人类与宇宙领域，它们被纳入从圣经中衍生的符号象征中。一直流传至今的崇敬天地的仪式来源于宇宙动态的复杂变化，这是对人类错误理解自然界的巨大讽刺。其实，人类没有弄清“小我”或个体的精神中拥有更大的意识。贝里感觉到“宇宙之光普照大地”这种现象，与各族群早期的时代相比，其实已经变得更少见。

在这样的背景下，贝里试图重新审视奥马哈各部落在崇敬仪式上“向上天奉告新生”这样的表达方式，这种表达似乎并不是浪漫的修辞手法。他肯定这种宇宙仪式是一种精神上的仪式，它将人类生活的各个阶段定位在复杂的地球生物共同体和宇宙秩序中。同样地，贝里认为豪德诺索尼人（易洛魁人）的感恩祈祷和尼古拉斯·黑麋鹿创世神话般壮丽的民族志口述是不同的精神仪式，但具有相似的宇宙取向。若把这些辉煌时刻的意义降为人类自身的体验，就有可能让人类轻视辉煌时刻，忽略它们超越了身份和不同领域的差异。因此，宇宙仪式不仅唤醒了来自广大不同领域的灵魂，而且还重建了最基本的关系。比如，中国儒家文化推崇和谐的理念；印度教尊奉个体灵魂即宇宙中心，梵我同一。根据贝里的说法，我们面临的挑战是重新审视对宇宙中各种关系发生变化的认识，重新找到我们灵魂的方向。

宇宙的契约

现代人对宇宙的了解比先人多得多，现代人对地球运行的了解和控制也远超前人。然而，我们与宇宙的亲密程度却不如先人，这一点可以从史蒂芬·温伯格等科学家的著作中看到。温伯格对宇宙的早期阶段有着深刻的见解，他指出，我们对宇宙了解得越多，它的意义似乎就越小。

追问为什么科学家们会投入如此多的精力，又如此坚持不懈地致力于与宇宙故事相关的研究项目时，原因可能是，科学家们无法抗拒宇宙的“大我”对个体的“小我”的召唤。我们最近才开始意识到，科学家对宇宙研究的魅力无法抗拒本身就是宇宙更令人着迷的一面。在现象世界中，正因为宇宙是存在的唯一自我参照模式，宇宙中的每一个存在，包括它的起源、命运以及它在更大存在共同体中应当扮演的角色，都是以宇宙为参照的。如果有人类智能这样的东西，那么它一定是从宇宙中生成的，而且在运用它的过程中，必须以某种方式遵守宇宙的秩序。对人类智能的主要研究可以被归为对宇宙的研究，或者用一个源自希腊语的术语来表示——宇宙学。只有通过了解宇宙，我们才能了解自己，或者了解我们在这个伟大的存在共同体中应当扮演的角色。

人类的所有行业和领域本身必须是宇宙意志及其运行方式的表现。宗教这个领域的出现和为人所知尤其体现了宇宙意志及其运行方式，因为“宗教”和“宇宙”两者的意思有相似之处。两个词语都源自拉丁语，且二者都与回归统一有关。宗教，源自拉丁文 re-ligare，表示约束自己，重归起源。宇宙，源自拉丁文

universa，表示众多事物回归一体。古人似乎早就明白这一点，他们生活在一种人类活动的模式中，又被他们与宇宙秩序的关系所确证。他们生活在“宇宙的契约”中，这是一种存在之约，宇宙的每一个组成部分都与宇宙的其他组成部分有着密切的友好关系。他们不断地在宇宙意识中唤起自我意识。没有他者的存在，自我也就没有任何意义。

他们每时每刻都以四个基本方向来定位自己，这四个方向是由他们相对于太阳的位置所决定的。旭日东升，落日西沉。午时太阳升到南方，它从不去北方拜访。苍穹在上，沃野在下。每个人都通过这种定位行为确切地知道自己在宇宙中的位置，获得自我确认。在地球上建造的一切建筑也是如此定位的。它们只有按照宇宙的方位排列建造，才能是真实的，或者说在实体上才是稳固的。这需要谨慎排列，并与天体世界保持一致，因为天体世界是方向感和时间感的来源。

人类发明了关于时间和季节的仪式，以此建立自己的宇宙意识，从而记住宇宙变化的每时每刻：光芒万丈与黑暗笼罩让每日黎明与黄昏交替出现，月亮有阴晴圆缺的不同阶段，冬至日尤其被看作宇宙的危险时刻、黑暗降临的时刻；之后，世界变得温暖而光明，万物生长，百花齐放，哺乳动物的世界也进入生育季节，小动物们呱呱坠地。这些变化发生的时刻是现象世界最耀眼的闪光时刻。这样的时刻是辉煌时刻，是神祇世界以尤为清楚明白的方式与人类世界交融的时刻。

这种与宇宙亲密交融的关系可以在奥马哈印第安人的入会仪式上看到。当婴儿降生于世，他便被抱到广袤天地之间，示于宇宙……当地人也以此向地球上万物的力量祈福，然后向大地母亲，向地球上的虫豸以及其他生活在地球上的生物祈福。这样，人类就确认了与大地的约定。同时，人类也坚守与大地的亲密关系，因为他们生活中所需要的一切都来自这个更大的共同体。

中国也有类似情形。在中国，故宫是根据自然世界的四时变化建造的，皇帝可以随着季节的变化从皇宫的一个殿宇搬到另一个殿宇。皇帝所穿衣服的颜色也和宇宙秩序的变化相协调。音乐也随季节而变，或配合冬季的寂寥暗淡，或适应夏季的明媚欢愉。如果人类与宇宙秩序一一对应的关系被打破，那么可以想见，宇宙的整个秩序将会陷入混乱。

在早期的西方文明中，整个西方仪式的结构都是以宇宙秩序为导向的。这一点在礼拜仪式中表现得最为明显，尤其是在基督教修道院中，礼拜仪式与昼夜周期的一系列变化相匹配。圣歌和赞美诗在午夜吟唱，以歌颂夜间人们的沉思冥想；之后进入黎明的崇敬仪式，以及接下来的午祷和晚祷仪式。在智力发展的一定阶段，西方宗教的神学解释与物理学、形而上学和宇宙学有较多融合，因为人们继承和发扬了亚里士多德的传统。这是托马斯·阿奎那的伟大事业，他在宇宙论的观点下重建了基督教思想，这就是为什么他在基督教信仰概述的序言中非常清楚地告诉我们，神的启示来自两个经文——自然世界的经文和圣经中记载的经文。

——节选自《进化的史诗》，见《晚思》

宇宙的崇敬仪式

在现代化之前的漫长岁月，宇宙在对其的崇敬仪式中，让人类体会和庆祝存在的伟大，它是一种终极创造力量，以惊人的秩序赋予每一种存在样态以形状、辉煌、活力和意义。仅仅是将我们的注意力吸引到如此伟大的觉知中，吸引到人类参与这种欣喜若狂的圆满中，就可以唤醒现代人灵魂深处的惊叹。对于生活在这个世俗年代的人来说，这一切都出现在遥远的世界，一个梦中的世界，一个无法把它当作完全真实来体验的世界。

现在的生活与宇宙秩序愈加异化，与现象世界、"阳光普照"（它的意思就是"现象"）的世界渐行渐远。我们生活在人类的世界，这个世界的一切价值核心都是人类。自然界被认为是人类的附属物。当人类的地位被放大时，真正的实在就被削弱了。我们所关注的宇宙，就变成了由科学方程式、原子和亚原子粒子构成的学术世界，就成了由机械发明构成的技术世界，就成了由地球上所有自然资源都被人类毫无节制地利用的经济世界。

人类似乎并不珍惜宇宙本身所展现出来的令人炫目的奇观，也不珍视它神圣的一面。这个宇宙是由远超出想象的创造力形成的，世界能展现出今天的面貌，是因为有一种不可预测的自我组织的力量在起作用。真正令人惊奇的是，即便是那些可预测的过程，有时被认为是随机的过程，它内部的创造性能量也是令人敬畏和长盛不衰的，在能量的激荡中，这些过程创生了这个结构严密、秩序井然的宇宙。

即使我们深度参与到物理和生物秩序的实在中，甚至清楚地明白人类的故事和宇宙的故事其实是同一个故事，可是，我们在讲述这个故事的时候还是无法全面讲述人类这一存在形态的全部意义。在早期，一个意义世界是通过宇宙和行星在不断更替的季节周期中运动形成的。然而，这样一个意义世界在通过原始爆发而产生的宇宙里尚未形成，宇宙爆炸后引发了一系列不可逆转的转变事件，这些事件在更大的序列弧上移动，从较低级的结构和运转方式发展到更复杂的结构和运转方式，同时也从较低级的意识发展到了更高级的意识。宇宙的展开顺序是自我发生、自我维持、自我教育、自我管理、自我疗愈和自我圆满的。所有的发生、所有的维持、所有的教育、所有的管理、所有的疗愈、所有的圆满，都必须从这个源头而来。

——节选自《进化的史诗》，见《晚思》

宇宙与人地关系不可分割

每当旭日东升，阳光普照大地之时，我们便睁开双眼，起床开始一天的工作。当太阳下山，黑暗笼罩大地之时，我们便放下工作，回到宁静的家中。晚间，我们小憩一下，与家人或朋友一起享受生活的欢愉，然后便进入梦乡，来到意识之外的梦境，在一天的疲惫之后，生命在睡梦中得到了新生。就像在昼夜更替中一样，我们在季节循环中经历着存在方式的变化。秋天，孩子们的日常会在学校中度过，我们也会相应地改变日常生活方式。春天，我们可以更自由地享受户外温暖的阳光，有些人开始侍弄花花草草。夏天，我们会去海边，从冬天的厚重束缚中摆脱出来放松身心。在每个季节里，我们都会举行一些节日庆典，这些节日庆典让人类表达出对宇宙意义的理解，以及对宇宙有序变化的认知。

我们关切的问题是……整个地球村中不同的人类社会是如何通过多种方式展示与宇宙的天人合一的关系的，我们要把这些方式总结到一起。现在，虽说人类社会对星球云集的宇宙和宇宙中的星球－地球有了较深的科学认识，然而，当今的人类似乎没有早期的人类所曾经拥有的与宇宙的那种融洽关系。我们不但没有与地球村的其他成员建立相互促进的关系，而且整个地球的运转紊乱也是我们的责任。随着人类活动造成地球气候、土壤和水域的改变，人类与地球关系的一些愿景也发生了变化，其中一些对未来的展望相当过时，而另一些展望在未来的地平线上也显得十分模糊。原住民族的活动能明显地反映出远古时期的人地关系，他们的许多可持续的生活方式因与现代工业文化的接触而发生了巨大改变。

奥马哈的原住民族，以前作为一个部落群体生活在北美大陆的北部平原，他们的民族志记录了个人与更大宇宙之间的关系，这种关系是通过每个孩子出生时举行的仪式建立起来的。在这些原住民族的仪式里，一个初生的婴儿会被抱到苍穹之下，奉告宇宙：

> 日月星辰，还有那苍穹之上的万事万物啊，
> 恳请你们听我说！新的生命已诞生于天地之间。
> 啊！我们恳求你们答允，让路途变得更加平坦，
> 好让他能到达第一座山的山尖。
> 啊！风呀，云呀，雨呀，
> 还有空气里幻化游走的一切啊，
> 恳请你们听我说，新的生命已诞生于天地之间。
> 我们恳求你们答允，让路途变得更加平坦，
> 好让他能到达第二座山的山尖。

祈祷词继续呼唤山丘、河流、树木以及地球上生长的万物，恳请它们保护这个新生儿安然抵达第三座山。在空中飞翔的鸟儿，在森林里定居的猛禽小畜，在青草间蹦跳飞舞的昆虫——所有这些都被原住民族召唤。他们最后请求宇宙间的所有生灵来照顾好这个刚出生的孩子，好让他在跨越四座山之后继续他的人生征程。这一传统在很大程度上表明奥马哈原住民族已经意识到要把宇宙纳入崇敬仪式当中。

如果一个人想同时拥有精神和肉体两种力量来躲避尘世的危险，就需要整个宇宙的帮助。虽然像上面那样的祈祷词反映了人们在整个宇宙的复杂力量中寻找人类存在模式的一种方式，但也有其他方式通过季节的轮转使人类生命和人类社会的结构可以与宇宙秩序达成形式上的一致。

的确，我们可以在世界各地多种多样的原住民族所举行的浩如烟海的仪式中，在农业社会和文化程度较高的社会——尤其是在这些社会初创期——所举行的仪式活动中，看到宇宙的统一。把仪式活动列入伟大的季节更迭和地球持续更新的过程，可以让人类文化活动的所有阶段都有所依仗。因此，人类建立了事件日历，在合适的时机举行相应的宇宙崇敬仪式。

人类努力与自然界建立仪式上的融合，让个人事务和群体事务有据可依。正如伴随季节循环的更替，人类会举行相应的仪式，即人类通过一定的仪式来表达对宇宙的崇敬。一个典型的事例便是在北美圣劳伦斯河谷居住的豪德诺索尼人（易洛魁族人）部落，他们会举行一年一度的感恩节庆祝活动，感恩仪式上字斟句酌的吟诵延续至今，向自然界所有的生命致敬。对豪德诺索尼人来说，人类共同体在维持人类生命赖以生存的物质方面履行着自己的角色任务。虽然我们局外人努力想要理解这些仪式，并把飞禽走兽、各类昆虫等所有生命形式都描述成“有灵性的”，但似乎更加重要的是与这些存在所属的领域建立关系，并不断加强这种关系。人类通过仪式认可了同雨和风，同山川、河谷、植物、动物，同故土、星辰，以及太阳之间的关系。

个人与宇宙力量的亲密关系也可以在北美其他民族中找到例证，比如讲苏语的苏族，会举行汗屋仪式等仪式。在此期间，引导和保护新加入者的基本象征符号在他的意识深处被唤醒，人们会给新成员起一个特殊的名字来联结这个人与他生命的守护象征，新成员会听到一首歌，这首歌可以让他心态安然地面对可能遇到的危险。

还有一个著名的事例说明了人类与宇宙力量的亲密接触。这一事例出现在拉科塔人（苏人）的巫医，或者被称为疗愈者的尼古拉斯·黑麋鹿（Nicholas Black Elk）的人生经历中。9 岁时，他对自己所处的特定历史环境和部落的命运有着惊人的预见。我们应当特别关注黑麋鹿以一己之力带领整个部落，走向既定的命运，他在幻象中见到了 6 位先祖，分别代表四个方位，以及天空和大地。在他看到的一段很长的幻象中，有一刻，天空中的一匹骏马唱起了一首响彻天际的歌。黑麋鹿对约翰·奈哈特（John Neihardt）讲述了这个过程：

> 他的声音不大，却能传遍整个宇宙，响彻无垠的天地。宇宙万物都能听到他的歌声，这歌声有如天籁，超越世间一切乐音。万物听着这美妙仙乐，情不自禁闻歌起舞。童贞女孩们，所有的马儿也在绕圈舞蹈。树上翠绿的叶子，山间和

山谷嫩绿的青草，小溪、河流与湖泊里潺潺的流水，四足奔跑的兽类，两足飞奔的禽类，风中展羽翱翔的飞鸟，都随着骏马的歌声一起舞蹈……①

在回顾人类事务实施的过程时，我们发现人类文化发展中最重要、最普遍的一个方面，就是努力将人类事务通过特定时间的仪式庆祝活动与宇宙联结在一起，例如，季节更替仪式、昼夜更迭仪式，以及个人的生命周期仪式，包括生老病死。这些事件将人类事务与自然界中不断重复发生的事件联系起来，从而为人类的存在提供依据。人类活动、居所和公共建筑的安排，都与季节和天文周期保持一致，这具有重要意义，因为这种协调一致需要对时间计算、考古天文学和测量历法有一定的认识。人们由此开始了对太阳和月亮，其他恒星、行星，以及自然现象的精确观察。

在中国古代，宇宙和人类事务被视为存在着高度一致和深刻的关联。这些关系是如此密切，以至于人类世界的所有政治和社会活动都是按照自然世界的季节顺序安排的。礼仪祭典方面的典籍《礼记》中说明了各种仪式的含义，规定了每个季节应当遵守的仪式。其中专门有一项内容提醒人们，如果举行的季节性仪式不合时宜，就会造成进退两难的局面：

如果在春季的第一个月里实施适合夏季的政令，天气就会雨晴不定，草木就会过早地枯萎，国家就会陷入持续的恐

---

① 摘自《黑麋鹿如是说》，作者为约翰·奈哈特，首版于 1932 年。——译者注

> 慌之中。如果实施适合秋季的政令，百姓将会遭受瘟疫之灾，天气将狂风肆虐、暴雨如注，环境将野草丛生。如果实施适合冬季的政令，洪水就会泛滥成灾，霜雪造成严重灾害，第一茬作物无法在土壤中生根发芽。①

一切礼仪都应当适时适当地举行，目的是让上苍或祖先的精神有所体现，以理顺君臣、父子、兄弟、夫妻，以及人与上苍之间的关系。这些仪式维护了父子之间的亲厚感情，确保了兄弟之间的和谐，协调了身居高位与身处底层的人们之间的关系，同时让丈夫和妻子各司其职。可以说，整个世界都得到了上天的祝福。人类被看作天地的心脏和思想，是天地五行有形的体现。他们尝尽酸、苦、辛、咸、甘五味，辨识宫、商、角、徵、羽五音，生活在青、黄、赤、白、黑等多种颜色构成的多彩世界中。

在以上所有的例证中，每一个例子都在各自的社会群体中认可和崇敬人类和宇宙之间不可分割的关系，只是表现形式有所不同罢了。这种关系主要不是为了榨取，仪式将所有不同的组成部分结合成一个单一的、紧密的整体，仪式的目的是让宇宙中所有存在物焕发勃勃生机。人们达成的共识是，要让整个生物界、文

---

① 出自《礼记·月令》。原文是："孟春行夏令，则雨水不时，草木蚤落，国时有恐。行秋令则其民大疫，猋风暴雨总至，藜莠蓬蒿并兴。行冬令则水潦为败，雪霜大挚，首种不入。"在此段中，有的时候所描述的人的行为与自然变化在实际上有一定的因果关系，有的时候在实际上则不一定有因果关系，可能有所夸张，因为实施某种政令不太可能直接、立刻影响到天气并使其产生可以明确预估的变化。——译者注

化领域和更大的宇宙中所有不同的关系可持续发展，和谐统一地运转下去，因此，人类做出的反应至关重要。

一年一度的仪式是对宇宙创造的再现。在美索不达米亚的一个特定的历史时期，马杜克和提亚玛特的传说被重新演绎。提亚玛特是混沌之水的神圣化身，被勇士之神马杜克所杀，在争斗中，宇宙形成了现在的构造和复杂样貌。在印度的印度教传统中，人类与宇宙的仪式关系模式在《摩奴法典》中得到了阐明。《摩奴法典》在大约公元前 1500 年的吠陀时代，雅利安人来到印度的时候就开始流传，版本众多，体现了古老的口头传播传统。最终，这些传统在一个唯一文本中找到了文学表达。文本中给出了人类事务的可行模式与宇宙秩序（也叫 rita）的关系。与此同时，越来越复杂的宇宙观传统在早期的著作《吠陀经》中得到了表达，《吠陀经》总括了智慧指引，取名《奥义书》或《吠檀多》，即“吠陀的终结”。在这部著作中，个体化的自我，或称个体的灵魂，以宇宙中的人或婆罗门的形式与更大的宇宙紧密相连。在每一个象征吉祥的公共场合和个人活动中，人们都努力在宇宙的中心确立自己的人格。宇宙的中心，用文字或圣像来象征，或用仪式化的诵音，比如欧姆唱诵（OM）[①] 来象征，它是所有事物的依靠，是万物的意义和安全的本源。

由此可见，在遥远的过去，对于宗教表达的实在、价值和力量而言，最主要的文化参照是多元完整的宇宙。每一种存在方式都是以宇宙为参照物的，尤为特别的是，在各个文化中所描述

① 一种瑜伽唱诵。——译者注

的，以及个人所体验的浩如烟海的宇宙创造物中，地球是最直接的宇宙实在和价值基础。

——节选自《宇宙的造物仪式》，见《基督教未来与地球的命运》

宇宙的转变

如今正出现一种新的宇宙观，为宇宙崇敬仪式提供了新的背景。目前，我们的宇宙崇敬仪式场面隆重壮观，体现了每一次季节的更迭，有时也纪念重大的历史事件或个人成就。在这些季节更迭的特殊时刻，如在一年中的春季，人类社会的心理能量通过积极参与自然界本身的深刻变化而在其最深处得到更新。

但是，现在人们需要一系列新的宇宙崇敬仪式。比季节更迭更重要、更神圣的时刻，是宇宙发生转变的时刻。只有恰如其分地庆祝这些时刻，人类的精神才能和谐统一地发展，因为这些是塑造人类意识和实体存在的决定性时刻。

在这些崇敬活动中，首要的可能是庆祝宇宙自身出现时刻的崇敬活动……人类的心灵和它所有的精神能量都是从这一刻开始的。就像通常的起源时刻一样，它具有至高无上的神圣性，在它的智识能力、精神能力，以及实体塑造和生命表达中，承载着宇宙的崇高命运。

——节选自《宗教的宇宙观》，见《神圣的宇宙》

第 5 章
宗教与宇宙

托马斯·贝里主要是研究世界宗教历史和文化传统的历史学家。1966—1979 年间，他在福特汉姆大学创建了颇负盛名的宗教历史专业，设置了涵盖西方宗教、亚洲宗教，以及美洲印第安人及原住民族宗教的各类课程。在福特汉姆大学多年的教学生涯中，他深刻地认识到，世界宗教不仅仅因为它们的历史、文本和传统受到人们的追捧，而且更因为它们拥有宇宙观而获得珍视。

福特汉姆大学的宗教历史专业是新生事物，尤其在天主教大学中，是革新创举。吸引学生前来报考的是贝里的教学方法：他把各种宗教历史作为有生命的人类智慧传统来教授，而不仅仅是作为古老的文化产物。这为学生们带来了有生命的宗教传统，并最终给他带来召开会议的灵感，使哈佛大学世界宗教与生态会议（1996—1998）得以召开。这是第一次探讨世界宗教中的自然和环境伦理观点的系列会议。

当反思世界宗教历史时，他会思考宗教如何为我们应对生态挑战做出贡献，以及它们如何与宇宙的伟大故事相关联。有了这些思考，他认识到了进行宗教宇宙观研究的必要性，这种研究的效果甚至超越了用神学或历史学的方法去研究宗教的效果。这种研究方法曾经（至今仍是如此）对神学家和宗教学者提出了重大挑战。那么，总结起来，对宗教造成的这些挑战本质上由两个方面组成：

1. 从各个历史时期看宗教所具有的宇宙观维度。

2. 随着宇宙不断膨胀，地球不断发展，人类开始发现新的科学宇宙观，宗教可以被看作对这种科学宇宙观的回应。

宗教回应的首要任务是要认可从宇宙观的角度来看待宗教，也就是说，宇宙观下宗教的符号系统提供了人类从哪里来、为什么在这里、将要去哪里的叙述。在这一过程中，它们帮助人类认识自己，了解到自己是浩瀚宇宙演化进程的参与者。

正如贝里所说，“宇宙是宗教精神的主要载体，宇宙是每个人更大的自我”。通过传统宗教的视角来理解这一点，是宗教学者、神学家和普通教徒的任务之一。另一个视角是通过我们对宇宙的理解来看待人类与宇宙之间的这种动态联系。现代科学已经发展出了多样化的学科——从天文学到生物学等，我们知道自己不是生活在一个静止不变的宇宙中。

过去200年间，人类的一项重大发现是——人类不是简单地生活在宇宙中，而是生活在宇宙的创生过程中，即一个不断进化的宇宙中。这一发现改变了一切。人类是宇宙进化这一伟大历程的参与者，因为人类诞生于这一伟大历程的发展阶段中。贝里借用泰亚尔·德·夏尔丹的观点想要强调的是，宇宙从一开始就兼具精神和物质的表达。因此，宇宙的结构和形式本身具有启示性。于是，我们如何阅读宇宙这一神圣的“经文”就成了重大的挑战。

正如贝里经常提醒我们的那样，神学系和神学院忽视了对宇宙的研究，他们只专注于研究文字经文——圣经及其评注，以及系统神学、教会历史，或者是布道说教和教牧辅导。我们对生态的破坏正在造成地质时代的终结，这一事实并没有引起大多数神学家和普通信徒的关注。但是贝里指出，“人类社会和自然世界要么作为合二为一的神圣共同体走向未来，要么就根本没有未来”。基于此，宗教宇宙观和科学宇宙论的探索为地球村未来的繁荣提供了一条前进的道路。这项任务需要新的精神引领。

宗教的宇宙观

宇宙本身就是一个神圣共同体。人类所有的宗教表达都应被视为参与了宇宙本身的宗教层面。从这个角度看，人类正从神学和宗教人类学转向宗教宇宙学。在整个 20 世纪的美国，人们对宗教人类学，特别是宗教社会学、宗教心理学、各宗教历史和比较宗教研究都有着浓厚的兴趣。可是，这些领域中各种形式的宗教理念已经无法有效阐释宇宙的进化故事，或者说这些宗教处理生态危机的方式正在破坏地球基本的生命系统。人类在学术认识上勇攀高峰，这引领人类走向宗教的宇宙观维度；同时，由于我们的星球维持生命的能力在急速下降，导致人类出现种种生存困难，这也引领我们去寻求宗教的宇宙观。

这种意识模式的新颖之处在于，宇宙现在经历了一个不可逆转且顺时发展的过程，而不仅仅是一个四季永恒更迭的宇宙。我们与其说是在关注宇宙，不如说是在关注宇宙的创生过程。现在我们对宇宙的认识主要来自实证和观察的科学过程，而非源自直觉或演绎的推理过程。地球讲述着它的故事……接受来自太阳的光芒照亮我们前行，通过地质构造和生物系统向人类提供大量数据，让人类了解关于地球的故事。

从各个方面来说，人类都是参与宇宙过程的实在，是伟大宇宙共同体的一分子，而非在旁观望的局外人；我们身处宇宙之中，感知着宇宙的存在。人类是宇宙的组成部分，同时又受到宇宙的滋养、指引、影响和抚慰。人类与那些令人敬畏又神圣的奥秘融为一体，万事万物的存在和活动都依赖于宇宙。假如整个宇宙的依赖关系都是如此，那么我们人类对于地球的依赖便更为深刻。

——节选自《宗教的宇宙观》，见《神圣的宇宙》

神学家面临的挑战

从可以观察到的科学证据来看，我们可以把宇宙的故事理解为四个层面的过程，它们是按顺序出现的：银河系的故事、地球的故事、生命的故事和人类的故事。这些故事共同构成了最原始、最神圣的宇宙故事。

宇宙原始大爆炸产生了令人难以置信的能量，将现在的一切囊括其中。同样，如今的一切也在冥冥中传达着原始能量的表达形式，包含了几个世纪以来出现的所有美学、心理和精神上的进展。宇宙在它的转换过程中，承载着现象世界的全部意义。在最近的世俗年代，这一意义只能体现在物质实体之上。现在人类认识到，宇宙从一开始就是精神和物质的实在，它具有清晰的神圣维度的时刻，即宇宙在 140 亿年的存在过程中所经历的那些神秘的转变时刻。这是伟大精神和物质意义显现的时刻，也是伟大故事里辉煌荣耀的时刻。宇宙的神秘之处现在正以一种成长的方式呈现出来，这是一种人类意识从未通过观察过程获得的表达方式。

然而，这似乎对当代神学家没有多大意义。他们仍然关注对圣典的阐释，沉浸在宗教本体的研究中，这些研究领域都没有直接关注自然界，也没有把它作为宗教意识的主要来源。因此，地球的物质和精神生存都受到了威胁。目前，西方人认为自己正在迈进另一个历史时期，这个时期源自过去并延续到将来，它是持续发生的一系列漫长历史变革的过渡阶段。但是，如果就此认为，正在发生的变化只是从古典地中海时代，跨越漫长的中世纪，直至工业和现代时期，那么人类就没有看到正在发生的变化有多么宏大。事实上，人类正处于宗教文明时代的终结时期，人类凭借其有限的知识正在改变与周围世界最基本的关系，这些变化并世无俦。

宇宙的发展是一个不可逆转的过程，我们对此的新认识，可以被看作自大约 5000 年前出现较为复杂的文明以来最重要的宗教、信仰和科学事件。与此同时，人类在某些方面正在给地球带来毁灭，这是地球在历时 45 亿年的形成期里从未经历过的。

人类正在改变地球的化学成分，扰乱它的生物系统，改变它的地质结构和正常运转，而这一切都是耗费数亿年甚至数十亿年才形成的。现在摧毁地球生命系统的过程正使地球逐渐变成一片荒原，我们居然没有意识到，地球上每消失一个物种，我们便同时失去一种神圣存在的方式，而这些方式正是宗教感知的基础。

人类无法探知正在涌现的宇宙新奥秘。对“奥秘涌现”的科学观点的误读，使人类无法阻止这个星球生命系统的分崩离析。西方宗教和神学尚未解决这些生命系统遭到破坏的问题，也无法确定这些问题的属性。其他宗教传统在这方面也没有什么进展。

我们不能把在过去两个世纪，特别是在21世纪进行的科学探索搁置一边，而单单解决在这一新形势中所面临的困难。我们也不能对地球上存在的新状况置之不理，漠视所造成的整体代价将使人无法承受，因此，人类必须找到一种解释进化过程本身的方法。如果正确解读，科学探索甚至可能成为这个时代最重要的信仰领域之一。这项任务特别紧迫，因为我们新的理解模式对地球结构产生的影响深远重大。我们必须对地球最深刻的精神内涵做出回应，否则就要屈服于横亘面前的毁灭性灾难。

人类并不仅仅是在做学术研究，还要参与地球未来的地质运行过程，渡过生物生存危机，以及参与实现人类未来的幸福和精神的福祉。我们要为整个地球的物质和精神层面谋福祉，否则地球上任何存在形式的物质和精神幸福将无从谈起。

传统宗教既没有处理好这些问题，也没有处理好人类现代以宇宙为核心的体验，因为传统宗教既不起源于这样的宇宙，也不是为宇宙而设计的。传统宗教是在以空间为主导的意识模式内部形成的，这种意识模式把时间体验视为季节变换、逐次更新的过程。虽然犹太教、基督教和伊斯兰教在处理人类发展进程的问题时都持有历史发展的观点，但缺乏对宇宙自身发展的认识。它们似乎和其他任何宗教传统一样，对宇宙发展的特性无法融入自己的理解，因此遇到了重重困难。

尽管基督教神学对宇宙进化论的敌意已经大大减少，但神学家在新的宇宙论领域遣词用句方面的局限性随处可见。如果在过程神学中，我们对上苍的概念，以及上苍与现象世界的关系，已经做了很多研究，那么这些研究通常是在系统神学的领域中做的。

——节选自《宗教的宇宙观》，见《神圣的宇宙》

宗教体验载于宇宙

要从宗教的层面来审视宇宙，我们就需要从宗教的视角来谈宇宙大爆炸、各个元素在宗教中的作用，以及地球及其所有组成部分在宗教层面的运行方式。因为人类有时以宗教的身份出现在这个宇宙过程中，所以宇宙本身就可以被认为是宗教的一种载体。正如托马斯·阿奎那所说："宇宙秩序是万物至高至远的完美状态。"虽然阿奎那认为宇宙是按照季节顺序不断更新的，而不是按照一个不可逆转的涌现顺序来变换的，但他的原则同样适用。宇宙是人类全部认知的主要参照物。

对涌现宇宙进行思考的方式为宗教传统的未来发展提供了新视角。的确，人们只要是在现代环境中接受教育的，此时就能在时间和空间上从宇宙观的角度定位自己。但他们不一定了解到了这种新的宇宙观所展示的精神意义和宗教意义。

宇宙的故事同时具有科学性、虚构性和神秘性。它拥有最详尽的科学陈述，是最简单的创世故事之一。重要的是，这是从宇宙本身学到的故事，我们终于不再与宇宙疏离隔绝，开始聆听宇宙的故事。如果有人认为发展到如今这个阶段，我们仍然是对宇宙与人类之间进行的精神层面交流毫不重视的，这种看法就有失偏颇。在新时代的理解中，我们又有了额外一个背景来理解所有的宗教传统，就如同最新的宇宙观不会否定牛顿的世界观，而是丰富了牛顿的世界观，使人类能够处理在牛顿的时代背景下无法处理的问题。现在，通过聆听宇宙的声音，人类获得了对精神的更深层次的理解，这是传统的见解所无法企及的。正如人类不再单纯地生活在牛顿的物质世界中一样，也不能再单纯地在精神世界自给自足，因为精神生活已经突破了早期宗教传统的限制。

——节选自《宗教的宇宙观》，见《神圣的宇宙》

参与宇宙之旅

新的宇宙视角对宗教觉知的第一个贡献是塑造了参与创造过程者的主人翁之感。宇宙和地球所经历的每一次转变都给人类打下了深深的烙印。构成地球及其上所有生物的元素是由超新星所形成，经过由第一代恒星的内爆－爆炸产生的星尘弥散期，引力使那些粒子在地球最初形成时聚集在一起，人类也与引力密切相关。我们感受到了地球生命共同体各组成部分的聚集，并体验了大分子内部自行组织的自发行为，这些大分子构成了生命过程的最早样貌，并且由此向细胞和有机生命形式过渡。同样是这些引力，带来了不同物种的遗传信息，引领着生命的运动，并在人类意识中展现出来。

这次旅程，是神圣的宇宙之旅，也是每个人的个体之旅，我们不禁惊叹于这一系列神奇的转变。其他的创世故事都不如这个宇宙故事奇妙，它讲述了事物最初是如何形成的，又是如何发展成如今样貌的，也讲述了个体是如何获得特别印记的——这些印记赋予了每个个体不同的身份。反身意识使我们能够欣赏和赞颂这个故事，在一定程度上，这是当前历史时期的最高成就。宇宙就像每个人更大的自我，因为从宇宙起源的那一刻起，万事万物就按照一定的顺序生发，这样才能塑造出每个人自身存在的精确结构，自我才能在更大的背景下发挥作用。

——节选自《宗教的宇宙观》，见《神圣的宇宙》

世界退化的由外向内

虽然表面上人类的一切行为是为了自己的利益，但实际上这些行为正在破坏自己生存的环境。人类肉体的生存遇到危机，精神生活同样如此，因为灵魂的内在世界需要外部世界所有豁目开襟的体验去激发。

而当前的悲哀是，人类社会已经丧失了与地球其他组成部分进行创造性互动的能力。地球的其他组成部分包括地球的景观，具有滋养能力的空气、水和土壤，使地球动力继续发挥作用的能量流，以及被整合在一个巨大的复杂模式中，已经超出了人类全部理解能力的生命系统。

虽然人类从来没有全面地了解过周围的神秘世界，但通过他们的宗教传统，人类掌握了在地球上不断创造更新、进化生命的能力。在 20 世纪即将过去，21 世纪露出微微曙光的时刻，人类似乎已经丧失了这种能力。现实情况是，人口增长和科技进步已经使人类成为对整个星球具有破坏性的存在。人类以为自己正在改善目前的处境，而事实上，是在危害自己的生活，也在破坏地球村的所有其他组成部分。然而，人类才刚刚开始意识到自己的所作所为为害甚巨，也刚刚意识到堕落的外部世界会给内部世界带来灭顶之灾。

重新恢复宇宙的崇高意义，可以让人类与自然世界所展现的神性关系更加密切，也可以让不同宗教之间的关系更加密切。人类与地球村的每一个其他组成部分都有着共同的起源和共同的命运。人类共存于同一苍穹之下，集天地之灵气，饮山川之雨露，享日月之精华。人类所共享的滋养表明，我们拥有共同的精神存在模式和物质食粮。

——节选自《21 世纪的宗教》，见《神圣的宇宙》

主体的融合

在新兴的生态纪，我们要把宇宙看作主体之间的交融，而不是客体的集合。我们似乎能听到生机勃勃的万物之音，能识别、理解并回应田野里蟋蟀的鸣唱、草地上花朵盛开的声音、森林里树木枝条伸展的声音，以及我们周围鸟儿的啁啾；所有这些声音在我们的心中组成了一首宇宙的欢乐奏鸣曲，因为存在，所以欢快。爱德华·奥斯本·威尔逊和斯蒂芬·凯勒特在关于热爱大自然的研究中，强调了人类与更大范围的生命体之间交融的感受。

处于工业化的美国的我们开始认识到，人类是地球系统的一个子系统。由于人类在生命的任何阶段，都依赖于这个更大的世界而生存，所以第一要务是维护世界的整体运转。人类降生于地球，在地球上经历人生的各个阶段，并且通过与地球的亲密接触而生存。在关于经济、治理和疗愈等的科学中，我们的确依赖于地球。

——节选自《21 世纪的宗教》，见《神圣的宇宙》

地球的复兴：从人类中心主义到生态中心主义

正如任何有机体的更新都是从这个有机体内部自发产生的，复兴地球的责任要由地球本身来完成。然而人类在其中有自己特殊的角色，要在复兴中起主导作用，这是因为我们曾经在破坏中起了主要作用。只有把基本的生命取向从以人类中心为主导转向以生态中心为主导，才能完成这一角色的任务。人类要实现这一转变，需要倾听地球的声音，倾听地球上复杂多样的生命的声音，以及非生命形式的声音。

人类应当对日月星辰明察秋毫，跨越山峦平原，亲近森林江河，爱护这花草世界，应当在傍晚和凌晨聆听鸟儿啁啾和昆虫鸣唱，需要去体验、去感受、去观察这些生物对生命的庆祝。

——节选自《女性教徒》，见《基督教未来与地球的命运》

永恒的灭绝

我们需要听到地球上生物的声音，尤其不要等到悔之晚矣的时刻，不要等到生物快速灭绝，它们的声音永远沉寂的时刻。一旦生物灭绝，我们所听到的便是它们的绝唱。灭绝是永恒的，它们所传达的神圣体验人类将再也无法获得。人类灵魂的一个维度本来可以被激发，但由于生物的灭绝，它将永远不会被激发。人类创造的任何奇迹都无法取代正在失去的一切。然而，对一些“宗教”人士来说，每当说起自然界拥有自己的声音时，他们总是半信半疑，因为西方宗教传统对待自然一直持有这样怀疑的态度，并简单地驳斥这种关于自然的观点为“异教理论”或“万物有灵”的观念。

——节选自《女性教徒》，见《基督教的未来与地球的命运》

奇观·美丽·亲密

我们用心灵感受外部世界的奇观，用想象感受美丽的事物，用情绪感受亲密关系，如果没有这些对外部世界的体验，内心的精神世界就无法被激发。如果我们生活在月球上，心灵的发展会受到限制，想象力会像月球的环境一样空无一物，情感也会变得迟钝，对上苍的感知就会直接反映出月球废弃荒芜的景观状态。

——节选自《女性教徒》，见《基督教未来与地球的命运》

宇宙是统一多样的庆典活动

通过与自然界的接触，我们了解到，宇宙在其广阔的空间和漫长的时间中，不断转换更迭，如同一个统一的、多样的庆典活动。人类在其中扮演的角色以一种特殊的、有意识的自省模式进入了这个庆典，因为这个庆典是神圣的仪式，是一切存在的目的，它随着时间开始而开始，一直持续到永恒。

维护这个庆典的完整性是我们生存的第一课，因为这是地球全部生产力的基石，也是我们对神的原始体验。如果我们不能参加这个庆典，如果我们仅仅只是利用周围的无数物种，那么它们将不再会有任何产出，万物存在的宏大周期会越来越短。事实上，这样的事情已经在发生。

我们和我们的下一代正在变得对自然世界漠不关心。我们生活在一个充斥着电脑、手机、数码摄影、电视、高速公路与汽车、超市，以及无关紧要的孩子们的塑料玩具等的世界里——而这一切都是由广告所催生的，这些广告想要激起人们购买和消费的最深层冲动，让我们避无可避。教育强调的是关于如此众多的物品的生产、分配和使用的生产技能，而那些通过对自然现象的体验获得的灵魂升华，教育却毫不关注。我们已经无法意识到宇宙是主体的交融，而不是客体的集合。与宇宙万物交融，应该视它们为主体，视它们为上苍的昭示，而不应该视它们为客体，也不应该仅仅为了经济利益而利用它们。

——节选自《女性教徒》，见《基督教的未来与地球的命运》

心灵生态主义和追求融合的生态学家

在当今这个时代，西方传统在信仰和智识上已经显示出了疲态，不太能胜任被赋予的任务。尽管西方传统有段时间曾是信仰与智识的弄潮儿。多年以前，本笃会的僧侣们通过体力劳动来耕种土地，通过智力劳动来誊抄和注释过去伟大的文学作品，引领西方世界的人们建功立业。后来到了中世纪，当欧洲的城市经历重建时，正是建造者们、大学教授们和修士们为人们提供了一些指引。中世纪出现了政治、社会和经济机构，它们带来了民族认同感的意识，以及人们有能力决定自己命运的意识。

时间走向 19 世纪末，出现了研究型科学家、技术专家、工程师、企业领头人等。通过对地球及其资源的技术开发，这些人决心带领人类进入一个新的黄金时代。然而，在占统治地位政治力量支持下的公司，决意获取遍及全球的影响力。这种想要控制他者的做法使人类与地球的关系陷入僵局。尤为严重的是，这种做法导致地球上的主要生命系统遭到了较大的破坏。

在整个现代时期，人们没有充分认识到，现存的根本问题是人与地球的关系，甚至扩展到更大范围——是人类与整个宇宙所有共同体的关系。那种为了人类目的而掠夺地球资源的行为需要改变。当初人类的工业革命以征服地球为目的，现在则应让位给生态行动。只有这样一种理想，才能维持地球上的人类和其他组成部分在一个唯一的整体中协同运转。

人类需要一种生态精神，并将融合型的生态学家作为精神指引者。虽然这种方案在个体身上只能部分实现，或者实现得不彻底，但仍然可以断言，这样的精神品质仍必不可少。我们也可以说，前几代的信仰理想是在无限多样的个体中实现的，很难做到举世瞩目，更难以成为他人模仿的参照物。当然，生态学家在这些时期中也起到了指导作用。

多年以来，大多数宗教传统都给人一种感觉：这些有信仰的人并不关心地球的生物秩序，不想对它有任何深入的了解。通常，他们在某种程度上从对现实物质秩序的关注中抽离出来，只关注于灵魂的内在生活。把注意力放在外在物质秩序上，虽然说也是为了更好地服务于内在世界，但是这种对自然界的忽视使得那些更关心生活中物质事物的人占有了地球上的土地和财富。这种态度使那种打着人类利益而开发自然界的行为成为可能。现在，持生态融合观的生态学家可以被认为是我们这个时代标准的引路人。追求融合的生态学家能理解宇宙从一开始就显现出来的神圣维度。宇宙的一系列变化时刻被理解为宇宙的辉煌时刻。但最重要的是，这些时刻似乎揭示了宇宙本身的终极奥秘。

在追求融合的生态学家眼中，我们对宇宙的科学理解成了一种智慧信仰。我们最终会认可宇宙是通过一系列不可逆的转变而形成的，对它的新认识具有启示性的维度。这种对宇宙的全新理解建立了一个视觉界线，在这条界线以下，所有的信仰从此都需要在其自我理解的融合模式中发挥作用。

——节选自《包罗生态学的信仰》，见《神圣的宇宙》

第 6 章
世界上信仰的兼容并蓄

托马斯·贝里对宗教研究的一大贡献是他认识到人类需要世界宗教的某些积极态度来应对所面临的多重挑战。他认识到了宗教在其体制形式上的局限性，于是用敏锐的视角审视当前状态，博览宗教典籍和梳理传统脉络。他撰写了大量关于如何培养美德、夯实社会以及关爱自然界的文章，并对世界宗教的精神动力有着深刻的理解，这些都可以在他的一篇关于儒家美德的文章中找到印证。他在文中讲述了如何培养儒家各种美德，以及它们如何有助于塑造一个真正的人。他认为美德，如孝道和人性，既是个人的也是宇宙的。当一个人在自己身上培养这些品质时，他其实是在向作为父亲的天空和作为母亲的大地表达孝道和敬爱，这既是一种隐喻性的表达，也是一种生物性的表达。

几十年来，贝里研究了世界各个宗教，他不仅仅是最早建议宗教间对话的人，也是最早建议宗教间加强往来的倡导者。这不仅仅是在给予各个宗教应有的尊重或容纳宗教的多样性（他当然也是这么做的），还要对语言、文本和信仰传统的历史进行深入研究。他收集图书，建立了一个卷帙浩繁的世界宗教图书馆，里面约有藏书万册，包括用源语言写作的原始文本和注释，以及这些宗教传统的历史。

因此，贝里并不是简单地通过基督教的视角来研究世界宗教神学，也不是对宗教传统进行比较研究。相反，他是在召唤智慧的源泉，以实现转变和交流。这不仅仅是宗教间的对话（尽管对话也同样有价值），其超越了各宗教对于上帝的不同认识，或者说超越了不同的观点。

过去几十年间，贝里对这些宗教传统的研究和对它们的评论仍旧熠熠生辉。1948 年至 1949 年，他的中国之行不仅仅是出于个人兴趣的旅行，也是为了开始从亚洲宗教传统中汲取智慧，来照亮我们现在的道路。在他的《佛教》和《印度宗教》两本书中都能看到亚洲的智慧之光。虽然他没有完成关于中国宗教的书，但他写了几篇关于儒家传统的文章，而儒家传统是他灵感的主要来源。他影响最为深远的贡献也正是由于不断书写这一传统而获得的。

信仰传统与人类社会

在古代，人类秩序中没有任何事情是由人类独自完成的，必须与宇宙和精神过程结合起来，方能成就。任何一项完整的活动都包含三个层面：人类、信仰和自然。这三个层面在人类活动中尤其如此。如果不能够与更广泛的现实世界结合，一切都无法有效地运转……

目前，人类社会在信仰维度上面临着四个主要的问题。首先是各种信仰传统基石的问题，其次是各种传统如何激发它们各自宏观层面的问题，再次是各种信仰传统交流的问题，最后是信仰传统与最新发展的现代科学的关系问题。

——节选自《信仰传统与人类社会》，见《基督教的未来与地球的命运》

百家争鸣，百花齐放

百家争鸣的局面丰富了世界。如果圣经中关于神的概念成为其唯一普遍的定义，那就会消除湿婆和毗湿奴（印度教），观音和阿弥陀佛（佛教），上帝和天（儒家），奥伦达、瓦坎坦卡和曼尼托（美洲印第安人）这些神的概念，使神的概念变得单一而贫乏。如果我们认为基督教圣经是唯一的经文圣典，那就会去消灭吠陀赞美诗、奥义书，以及印度的薄伽梵歌，也会消灭伊斯兰教的《古兰经》、佛教的《法华经》、中国的儒家经典，这样做的结果不是增进，而是阻碍了我们对神与人的交流的理解。

对于人类面临的任何一种情况，理想的状态都是找到这种情况所能创造性地负担的最大压力。虽然每一种原型的模型都需要多种实体来呈现，但神的概念比任何其他实体元素都需要呈现方式的多样性。基督徒在接受各种信仰传统方面所经历的困难可以通过以下方式得到解决：

1. 区分所有传统的微观层面的成员组成和宏观层面的影响。

2. 厘清基督教在两种表达方式（自然界和圣经）上的独特传播方式。

3. 承认信仰的本质差异，鼓励这些差异的存在。

4. 识别宗教间的创造性动态关系。

5. 为理解宗教的多样性和统一性而促进一种将宇宙新故事作为背景的意识。

我建议在以上框架下阐释宗教的多样性、同一性和交融性。这可以被认为是宇宙学－史学的研究方法，而不是传统的神学、社会学或心理学的研究方法。这种宇宙学的研究方法符合圣托马斯关于宇宙共同体的基本陈述，即它是“日臻完美的宇宙”，作为最高的实在，它“更完美地参与神的善，并比任何一个单一的物种都能更好地代表神”。这也符合皮埃尔·泰亚尔·德·夏尔丹的观点：“（人类）是一种宇宙现象，而不是主要的美学、道德或宗教现象。”

——节选自《天主教与世界宗教》，见《基督教的未来与地球的命运》

多样的世界信仰传统

我们所能看到的是，在这些年的信仰和文化共识日渐削弱之后，以往的（宗教）各自为政的局面几乎无法恢复。各种信仰传统在其个人和集体意义上都发生了不可逆转的改变。整个信仰状况——也就是信仰的意识模式——已经改变了。人们建议把多元文化和多元宗教阐释学当作现在的核心问题，建议其传统研究要根据宗教历史的惯例，还建议应该开始广为收集世界经文圣典。这些建议可能在不久的将来是我们应努力解决的最重要的问题。以上这些内容可以把西方信仰的觉醒放到新的背景之下，这个新背景是指多种形式的、全人类的世界信仰传统。

如果说以往的基督教研究是由内而外的，现在则应该是由外而内进行研究的。在这种情况下，宗教历史学家是20世纪最重要的宗教创造者之一，主要负责唤起人们对人类共同宗教遗产多样性的意识。此外，他们还负责创造条件，开始促进宗教传统和文化间广泛的互动，未来这样的交流会更加源源不断。在现代世界起作用的所有力量中，是否还有一种力量比启发心智的信仰更能唤醒古老的传统，使其发展到新阶段，我对此深表疑虑。目前，没有一个传统自身是完整的。而且这些传统长期以来似乎如一潭死水，在历史的长河中鲜有变化，但现在却被唤醒，投入到发展和复兴的洪流之中。人们开始意识到，它们并非完全稳定的生活形式，而是在过去发生了巨大变化的发展过程，而且可能会在未来发生翻天覆地的变化。

然而，由于这些传统在过去的几千年里都与其他传统经历了广泛的互动，不应该夸大目前的改良所带来的新变化。由于现代交流手段的多种多样，现代交流更具确定性、全面性和普遍性，只有各种传统的交流变得更为密切，才会产生新奇感。现代交流手段把世界各国人民和传统带到彼此面前，交流之密切亘古未有。

奇怪的是，将各种文化和信仰从传统世界带进现代世界的力量，也正好是使每一种传统得以恢复与最原始的形式和古代文学联结的力量。虽然这些传统已经迈入现在和未来，但它们更深地扎根在过去的土壤里。每一种传统本身都变得更加完整，与它的原始时刻更加融为一体。从最早的时期开始，宗教和文化的历史运动已经向表现出各种形式的全球共同传统靠拢，每一种进程都在其中找到了自己的位置，并以某种方式存在于整个人类社会。

——节选自《全球人类社会中的宗教》，见《神圣的宇宙》

儒家美德：个体、社会和宇宙

儒家美德的一个主要方面，是激发个体能力在微观和宏观层面的表达。人们通常认为这些美德有善良、正义、体统和宽仁，它们构成了人们所说的个人行为准则。在遵守个人行为准则的前提下，个体、社会和宇宙的所有关系都得以实现。然而，还有一些美德，可以被称为美德之源或至全美德，它们主要关注个体的宏观层面或宇宙维度。这些美德有仁爱（仁）、真诚（诚）、崇敬（敬）、孝道（孝），这四种美德有着特殊的地位。

仁是一种特别的美德，也是一种至全美德。作为一种基本的、至全的美德，它可以表现为与天齐德："最高的仁就是天地之仁，天就是仁本身。"① 因为从某种意义上来说，天就是仁，所以仁是所有存在的规范准则。在这个基本的美德角色中，仁使人视"天地万物为一体，天地万物皆为人的身体心灵的组成部分"②。若要进一步表述清楚个人在微观和宏观层面的统一，就需要借助仁说思想：若人不能自己激发生命中"仁"的美德，"他将与天地万物相隔千里"③。

---

① 董仲舒认为，"仁之美者在于天。天，仁也"。——译者注

② "天地万物一体之仁"，这是王阳明的心学世界观。——译者注

③ 出自《二程粹言·卷一·论道篇》。原文是："则其与天地万物岂特相去千万而已哉。"——译者注

“诚”翻译成英文是“真诚”（authenticity），《中庸》这本著作对它赞誉有加，阐述详尽。诚是一种美德，深植于个人存在的原始根本，成为一种能够改变人类社会和整个宇宙的终极力量。这种力量与天地和自然的力量息息相关，并与这些力量一起，创生、维持和改变宇宙本身。

“敬”翻译为英文是“崇敬”（reverence），它是禹在中华文明起源之初所表现出来的一种特殊的美德。它散发出神圣且令人敬畏之意，个人不但以这种敬畏之心看待宇宙的最低和最特殊的维度，而且也致敬宇宙的最高和最普适的维度。这种崇敬的美德在其起源中被认为是终极美德，它不仅是后来发展某一特定美德的先决条件，还是发展出最有影响力的美德之源“诚”的先决条件。程颐指出，那些尚未获得“诚”这个美德的人，必须首先在内心树立起崇敬之念。崇敬这个词的内涵如此丰富，使用起来也有各种细微差别，在出现多重含义时，很难阐明其中所蕴含的更基本的意义。它似乎包含了对万物神秘感的敬畏，甚至是对个体自身存在的神秘感的敬畏，这种敬畏使人倾向于谦卑有礼，使个体特殊性能够在人类情感的最深处与万物的普遍性相融合。这种倾向使得相互存在和相互作用发生在特定的个体和外部广阔无垠的世界之间。通过这一美德，禹将自己的空间存在置于上有苍天下有大地的位置，放于东西南北四个极点之内。然后，他开始把人类事务按照时间与季节的更迭结合起来。他反复对人们，尤其是对属下的官员们强调：“要有敬畏之心，要有敬畏之心！”

孝道是一种与本源相联系的特殊美德。起源时刻是神圣的时刻，因为它们赋予生命以存在。这种从先前的不存在状态魔幻般地脱颖而出，进入到存在状态的能力，总是与另一个存在密不可分。人们对先前的存在应当给予独特而绝对的崇敬。这种美德既是一种形而上学和本体论的美德，又是一种道德的存在方式。没有孝道就几乎没有一切。现象的宇宙通过孝道这一美德的力量存在于它自身和它的所有关系中。儒家的伦理著作《孝经》上写道："孝是上天的第一原则，是大地的最高标准，是人们的行为准则。"① 这种对孝道的极力推崇不仅存在于中国社会，也存在于日本社会，尤其是 17 世纪日本的新儒家代表人物中江藤树（Nakae Toju）认为："孝道是人类的根，没有了孝道，一个人的生命就像一棵失了根的植物……把生命带给上天的，把生命带给大地的，把生命带给人类的，以及把生命带给万物的，皆为孝道。"② 在一些场合，他把孝道想象成类似柏拉图的世界灵魂永恒说："孝道存于宇宙，就如同人类拥有灵魂。它无始无终；没有孝道，就没有时间与万物；孝道与天地宇宙同在。"③

综上所述，我们可以看到，在中国，人与人的关联不是建立在任何宗教契约之上，也不是建立在任何社会契约之上，而是建立在宇宙的起源、结构和运转之上。如果认为人类社会中，人们通过某种"契约"走到了一起，就如同认为日与月、风与水彼此之间以某种协商的方式建立了正式的契约，这种想法是无稽而

① 出自《孝经·三才》。原文是："夫孝，天之经也，地之义也，民之行也。"——译者注

② ［美］西奥多·德·巴里等：《日本传统的来源》，哥伦比亚大学出版社 1958 年版，第 383 ～ 384 页。——作者注

③ ［美］盖伦·费舍尔：《中江藤树：近江的圣人》，载《日本亚洲协会学报》1908 年第 36 期，第 64 页。——作者注

愚蠢的。

——节选自《中国传统中的个人主义与整体主义：宗教的文化语境》，见《儒家精神》

仁

儒家思想以其精妙绝伦的“仁”的概念，最清晰地表达了人与人之间的亲密关系。“仁”是一个需要根据语境翻译的字，在英语中有一长串词语可以表达这一概念：人道、爱、善、仁爱、慈爱。万物皆统于“仁”，正如圣保罗的书信（《歌罗西书》第 1 章第 17 节）中所言，“万物皆统一于基督”。可能一个更好的类比是牛顿的万有引力定律，即宇宙中物质的每一粒子都与其他粒子相互吸引。万有引力定律表述的是一种纯粹的物理引力，而儒家的普遍引力定律则是一种情感上的共鸣。

因此，在儒家思想中，有一条普遍的共情法则。正如早期儒家思想家孟子（前 372—前 289）所言，在人类身上共情特征尤为突出，因为每个人都有一种“无法目睹他人承受痛苦”的恻隐之心。当有人提出，只有人类之间的关系才能体现共情法则时，新儒学思想家王阳明（1472—1529）回应道，即使是鸟兽恐惧哀鸣，或植物被践踏蹂躏，或瓦石被损毁而破碎，都会立刻引起人类，或者是鸟兽、草木（如果它们有知觉意识的话）的不忍、怜悯、顾惜之心。[①] 他告诉我们，如果不是我们和生灵万物之间存在着某种亲密的纽带，甚至是某种认同感，这样的情感变化就不会发生。

人类重新修复与地球主体交融的能力，是某种新信仰出现的结果，也是原因所在。与地球的主体交融，对宇宙 – 地球 – 人类进程的认同，为现在开启精神之旅提供了背景。这段旅程不再仅仅是但丁（1265—1321）穿越天国的旅程，也不再仅仅是基督教团体千年以来去往天堂般的耶路撒冷的朝拜之旅。它是原始物质通过恒星、地球、生命和人类意识中的一系列奇妙的转变，进而所经历的旅程。这段旅程是一个更完整的精神 – 物质的交融，是各部分之间的交融、部分与整体的交融，是在整个宇宙 – 地球 – 人类进程中展现出来的神圣存在与各个部分的交融。

——节选自《地球的灵性》，见《神圣的宇宙》

爱是宇宙的力量

在整个亚洲，用来表示极其深沉情感的术语具有终极宇宙学意义。所以，汉语中的“仁”，可以翻译成“仁爱”“仁慈”或“喜爱”等词语，“仁”不仅是一个情感道德术语，也是一种宇宙力量。“诚”为美德，翻译过来就是“真诚”或“正直”，它

---

① 出自王阳明的《大学问》。原文是：“见鸟兽之哀鸣觳觫，而必有不忍之心，是其仁之与鸟兽而为一体也。鸟兽犹有知觉者也，见草木之摧折而必有悯恤之心焉，是其仁之与草木而为一体也。草木犹有生意者也，见瓦石之毁坏而必有顾惜之心焉，是其仁之与瓦石而为一体也。”——译者注

也具有宇宙的力量。在印度，“巴克提”这个词，是指“虔诚奉献的爱”，是一种宇宙和精神的力量。在佛教传统中，“慈悲”一词，被译为“同情、怜悯”，是至高无上的宇宙力量。因此，可以在宇宙和地球本身的结构中发现无处不在的亲密感和同情心。

在这个时代，我们追求与地球建立更亲密和更仁善的存在关系，可能反映了上文所述的这种传统。但更有可能的是，我们也许认为地球与人类的亲密和共情，最终源自空间的弯曲，现代科学已经有所证明。整个地球村都被包裹在这条共情的曲线地带中。在这片曲线地带中，宇宙以足够闭合的方式向内弯曲，把所有的东西都聚拢汇集在一起，同时又保持足够的开放。所以，共情就不会限制创新过程，而是会促进创新过程。

这条地球曲线最初在宇宙的物质结合中得到表达，后来在地球的生命过程中得到表达，又在人类的思想和情感以及艺术、音乐和舞蹈中得到最亲密的表达。我们可以重新去听海顿的《创世纪》和贝多芬的《欢乐颂》，可以重新阅读鉴赏沃尔特·惠特曼的《草叶集》，可以去理解这些古人对宇宙的伟大直觉，也可以随着地球的节拍重新起舞。

重新对地球着迷，沉醉于它这个活生生的实在当中，只有这样，我们才能拯救地球于水火之中——它现在面临着迫在眉睫的威胁，而这些都是人类强加给它的。为了真正实现这一目标，我们现在必须在某种意义上把人类改造成生命物种共同体中的一个物种。我们对实在和价值的认识必须从以人类为中心的参照标准，有意识地转向以生物为中心的参照标准。

——节选自《人的存在》，见《地球之梦》

第7章
生态纪

托马斯·贝里的关于工业革命给地球带来巨变的认识，是他伟大的见地之一。的确，他仿佛看到了过去地球6500万年的万物繁盛期——新生代正在走向终结。这些由于人类引发的灭绝已经接连发生，贝里的认知促使他呼吁人类转变活动方式，唯有如此，才能把地球村带入一个新的繁盛时期，他称其为“生态纪”。

新生代时期为自我反省意识的产生提供了生物层面的基础。这一时期多姿多彩的生活使人类产生了好奇、欣赏美丽和亲密爱人的能力。在介绍“生态纪”一词时，贝里呼吁人类要有一种新的意识，要学会时刻为他者着想，如此才能“与地球以一种互惠互善的方式存在”。

当地质学家将当前时代确定为“人类世”之时，向生态纪的转变就已经悄然发生，人类引起的变化在这一时期具有决定性的特征。贝里认为，现在地球需要从以人类为中心的视角，向以万物生态为中心的视角转变。地球生态系统的强大自愈能力已经超出了人类的认知范围。尽管如此，人类对于工业社会的过度沉溺也已使生命环境受到了严重破坏，这种对工业化的沉迷让人类无法意识到其所作所为的严重后果。

人类感知神圣大自然的能力日益退化，导致了信仰本身也受到威胁。面对从地球的景观中生发出的神圣感，宗教却几乎没有显示出任何感佩之情。我们被当前的自杀、他杀，甚至种族灭绝所造成的严重道德困境深深困扰。但是，正如贝里所说，我们却没有听到世界上哪个宗教在谈论生物灭绝和地质灭绝所带来的巨大挑战。整个地球上生命的减少，以及生态圈本身面临的危机，都对人类造成了深刻的道德影响。

贝里认为，从一开始人类的故事就是与宇宙融为一体的，他对事物在精神层面如何实现融合，进行了深入思考。宇宙相对于自身的动态存在反映在人类的意识中——银河系的故事和地球的故事充满了宇宙的每一个维度，并把它与其他万物相连。完美存在于整体之中的同时，整体又表现在宇宙中每一个特定的存在和事件之中。在将实在表达为事件、存在或关系方面，所使用的语言可能会有所不同，但不同的语言都清晰地表达了生命出现后各个生命体之间错综复杂的亲缘关系。

“野性”一词是西方世界兴起的一种表达方式，贝里将其描述为生命的自发性。他将这种自发性理解为对每个特定存在所包含的宇宙属性的深刻表达，而不是简单地理解为生命各有各的特质或个性，也不仅仅是生命的社会建构性或生物决定论。对贝里来说，野性并非受制于无法控制的情感或无意识的欲望，而是一种意识到自己在生态系统和人类社会中活跃地位的主体性。正是从这个角度，贝里阐明了生态纪的决定性特征，深入思考了如何开启恢复野性的精神旅程的问题。

地球村

这个时代的生态危机已经如此深重，使我们目前不得不结束地球发展的新生代时代，迈入地球发展进程的生态纪。新生代一直是生命的扩张时期，生命在此时期尽力展示着自身的绚烂，但现在，地球生命系统的扩张正在终结。这将影响到所有已经适应新生代时代的人类机构和各行各业。如果它们要与地球历史演变的新时期相融合，现在就必须进行转变，即从以人类为中心的实在与价值规范向以生物或地质为中心的规范转变。这将影响人类思想和行动的方方面面，包括语言、宗教、道德、经济、教育、科学、技术和医学等。

在讨论神圣整体时，我们需要理解在人类的一切活动中，地球是首要的，人类是衍生的。地球是我们的主要共同体。事实上，所有地球存在的特定模式都是通过它们在这个共同体中发挥的作用而实现的。

——节选自《地球是神圣的共同体》，见《晚思》

生态纪的曙光

人类作为地球上的存在，正在终结地球历史上的新生代时代，进入生态纪。这种地质变化的标志是第六次大灭绝的爆发，这是由人类自己造成的……其他物种的生存和人类的生命力将取决于适应这一次变迁的能力。最重要的是，此次进入生态纪也同时是在进入地球村时期，具有新的意义和神圣性……

近几个世纪以来，我们一直在颠覆这些巨大的宇宙力量，而不是根据它们在地球生物系统中的自然节律，与它们保持一致。长期以来，我们一直将人类的机械模式强加于生物系统之上，迫使地球的自然节奏符合人类加速发展的需求。当有机过程产出太慢或太有限时，我们就通过化学过程来促进增长，从而增加产量，即便这样做会造成产品的营养质量下滑，土地的肥力下降。我们通过多种不同的方式，企图征服地球以为我们自己的短期目标服务，并认为这才是人类与自然界适宜的相处方式。

由于思维方式的扭曲，在地球 40 多亿年的生命历程中，我们现在的所作所为造成的可能是最具毁灭性的打击之一……

这不仅仅涉及人类的未来，地球上每一个生命的未来都会岌岌可危。人类的思维方式也决定了地球本身最深刻的物质和精神结构的命运。我们正在目睹的不亚于地球及其所有生命系统的解体，这是人类在地球进程中一意孤行、背离自然规律的结果，这种背离产生于现代西方世界内部，而西方世界本身就产生于以圣经 - 经典为依托的母体环境。

——节选自《地球是神圣的共同体》，见《晚思》

缺乏对生物或地球灭绝的道德关怀

从以上这些观点中我们可以总结出，自旧石器时代晚期到现在，建立人类与地球相互促进的关系一直是很大的难题。此外，与自然界疏离的情况有所加剧，并且形成了一系列条件，允许肆意掠夺地球资源供人类使用。对于我们自己尤其是西方世界的责任，我们必须指出，尽管我们已经总结出了关于阻止自杀、他杀和种族灭绝的道德指南，但我们并没有发展出关于生物灭绝的制约准则，即关于阻止毁坏地球本身的有效的、道德上的制约准则。

——节选自《地球是神圣的共同体》，见《晚思》

宇宙——神圣的共同体

我们不能完全解决这种局面，除非认识到宇宙从源初时刻就是灵魂 - 精神的存在，同时也是肉体 - 物质的实在。在这种背景下，人类激发了宇宙最深处的维度，这样才从源初时刻就与宇宙融为一体。宇宙故事需要被作为人类故事和宇宙中一切生命的故事同时被接受。

宇宙的故事是一个新的神圣故事。创世纪的故事，无论在它的基本教义中多么能自圆其说，都不再能满足我们全部的精神需要。我们不能通过创世纪的故事来更新世界；与此同时，几个世纪以来，创世纪的故事和一切创世故事在一定程度上滋养了人类社会，如果我们的视野不涵盖这些创世故事，我们也无法完善这个世界。所有创世故事都属于我们现在所知道的这个宇宙。

宇宙的新故事是一个万物有灵的故事，也是一个银河系的故事和地球的故事。最重要的是，人类现在已知的宇宙，在它浩渺无垠的空间中，在一系列悠远漫长的时间变换中，一直是自成一格的。无论何时、何地、以何种特殊样貌出现，宇宙都在展现着自己。每一种原子元素都直接影响着其他原子，并同时受到宇宙中其他原子的影响。万物都不能和他者分开。地球既是一个高度分化，又是一个统一的共同体。这是理解宇宙精髓的根本方式。

于是，宇宙的每一部分都以其独特的、不可重复的方式触发了宇宙的某个特定维度或方面。因此，万事万物都有其存在的必要性。牵一发而动全身，宇宙中每一特定个体的存在都是整个宇宙的需要。只有深刻理解人类与一切生命之间深厚的亲缘关系，我们才能为建立欣欣向荣的地球村打下良好的基础。

——节选自《地球是神圣的共同体》，见《晚思》

野性与神圣

为了理解人类在地球运转中的作用，人类需要感谢自然界中一切形式的自发性，我们把这种自发性与野性联系在一起，野性当然不会受人类的支配。如果认为我们的历史使命是“教化”或“驯养”地球，认为野性是具有破坏性的，而不是把野性视为地球上任何形式的存在的终极造物形态，那我们就误解了自己所扮演的角色。人类的出现不是来控制地球的，而是来与广阔的地球村融为一体的。这个共同体本身及其每一个成员最终都具有野性的成分，一种极具创造力的自发性，这是共同体最深层的实在，也是最深远的奥秘。

黎明透过清晨的薄雾带来光明的时刻，会引起我们认真思索什么是野性，什么是文明。此刻，世界仍处于寂静之时——正适宜沉思冥想，然后从夜晚安然过渡到了白天。当黄昏随之来临，当白昼渐行渐远，当夜晚开始展现出深邃的奥秘时，人类的感知力也愈发深刻。在每一次转变的时刻，我们都非常清楚地意识到，周围的世界是人类无法控制的。人类生命的各个转折阶段也是如此；对于出生、成长和死亡，人类都会思索自身是怎样存在于这无比神秘的世界里的。

我之所以想到这一切，是因为需要重新发现人类的角色，它的重要性发生了变化。正当地球展现出自己丰富多彩、灿烂辉煌的一面，甚至已经达到独一无二、宏伟壮丽的状态时，我们其实也在经历地球生命系统的解体。这一时刻值得人类特别关注，因为是人类本身导致了地球生命系统的解体，而这种现象是地球 46 亿年的历史上从未发生过的。

人类从未想过自己有能力破坏地球的基本构造，也从未想过有能力毁灭地球的生命形式，而正是这些生命形式使地球变得独一无二和宏伟壮丽。在我们努力限制并最终控制地球的过程中，人类实际上也在结束地球上生命发展的田园时期——新生代时期。

如果诸如黎明和黄昏，出生和死亡，以及一年中的四季这样的时刻都是特别重要的时刻，那么，此时此刻我们则见证了新生代时期地球的消亡，见证了新兴的生态纪地球生命的更新。如果要在人类活动的所有领域中恢复神圣感，人类的反思就具有特殊的紧迫性。只有当我们把超越人类本身的宇宙看作一种启示体验，即产生万物的神圣存在时，才能恢复好奇之心和神圣的感知。宇宙是首要的神圣存在，人类之所以也变得神圣，是因为参与了周围这个更为崇高的世界。

——节选自《野性与神圣》，见《伟大的事业》

生态纪的决定性特征

1. 地球是主体的交融，而不是客体的集合。

2. 地球只有在其整体运转中才能存在和生存。它不能在支离破碎的状态中生存，正如任何有机体都不能在这种状态中生存一样。然而，地球并不是全球统一体。它是一个有差异的统一体，必须维持其许多生物区域表现方式的完整性和相互关系。

3. 地球是只能拥有一次的赠予。它的主要运作模式一旦受损，一切都不可逆转。

4. 人类是地球的衍生物，地球本身才是首要的。地球必须是每一个人类机构、行业、规划和活动的首要关注点。例如，在经济学中，经济学的第一定律必须是保护地球经济。国民生产总值的上升和地球生产总值的下降揭示了当前经济状况的荒谬。可以用医疗领域打个比方，不言而喻，在一个病恹恹的星球上基本不可能有健康的人。

5. 在从新生代到生态纪的转换过程中，地球的整个运行模式都发生了变化。新生代的主要发展完全是在没有任何人类干预的情况下发生的。而在生态纪，人类会对发生的几乎每一件事产生全面的影响。尽管人类无法凭空造出一片草叶，但如果没有人类的接纳、保护和培育，这片草叶就不会存在。我们在自然生命系统中发挥创造力的积极力量是最小的，但我们产生的负面力量却是巨大的。

6. “进步”要想有效，就必须是整个地球所有组成部分的进步。把人类对地球的掠夺称为“进步”，是对进步的曲解，我们无法忍受这种“进步”。

7. 在生态纪，科学和技术都有了新的作用。科学必须对地球的运行、对人类活动和地球活动是如何实现相互促进的，提供更完整的阐释。我们的生物科学尤其需要发展出“对有机体的体察”，这种体察范围更大，可以感知地球上各种生命体存在的终极主体。我们人类的技术也必须与自然界的“技术”更加协调一致。

8．必须制定新的伦理原则，将灭绝生物和灭绝地球列为罪大恶极的红线，同时也要将与人类更直接相关的其他恶行纳入新的伦理原则中。

9．人类要认可地球的神圣维度。

10．一种新的语言，一种属于生态纪的语言是必需的，因为之前的新生代语言根本无法满足需要。新编撰的词典应重新定义现有词汇、引入新词汇，以此来支持对正在不断出现的新的生存模式和运行模式的介绍。

11．从心理学的角度来看，集体无意识的所有原型都获得了新的合理性，也获得了新的运行模式，特别是在我们理解英雄征途的寓意、死亡 - 重生的象征、伟大的母亲和生命之树的比喻时，都有了新的合理性和新的模式。

12．我们在仪式、各种艺术和文学方面可以期待新的发展。尤其在戏剧中，非凡的机会存在于这些时期我们正在解决的重大问题中。以往只存在于人类内部的冲突，现在经由更大的冲突框架得到了放大，因为这些冲突正在经历了不起的过渡时期（这段时期是指从新生代末期到正在出现的生态纪初期）。我们正在面对的，超出了迄今为止出现的任何事物，是在更为宏大的维度下，是在生态纪这个术语框架下的任何表现形式。

13．我们要减少当前的各种破坏，回收材料，减少消耗，修复受到破坏的生态系统；如果做了这一切却仍然让当前的工业体系继续运行，那么一切努力就是徒劳的。我们必须完成这些工作，目的是建立新的万物秩序。

——托马斯·贝里在北卡罗来纳州罗利市的发言节选

第8章 辉煌时刻

对于托马斯·贝里而言，“辉煌时刻”难以用语言形容，它们是不可逆转的，并为未来提供了某种模式。这样的重大转变事件发生在事物的各个层面，如从巨大星系碰撞到细胞生命的内部运作。对贝里来说，这一见解提供了一个视角，让他得以理解当今宇宙动态背后的创造性张力。各个“时刻”暗示着对宇宙进化中决定进化展开模式的关键事件的反思。辉煌时刻既充满危机又充满希望，它们不一定会发生，但一旦发生，就会改变一切。

“辉煌时刻”这个短语的使用揭示了贝里的思想受到了以下几个方面的影响：希腊斯多葛学派的世界主义思想、基督教神学家的思想，以及进化论和遗传信息的视角。古代斯多葛学派认为，一个有生命的宇宙可以引导个体，并形成一种深刻的世界公民意识，将他们与所有的实在联系起来。有一种观点认为，辉煌是不可预知、可遇不可求的礼物；也有一种观点认为，辉煌一旦给予，就决定了未来的形态；还有一种观点认为，辉煌是经由个人行动获得的奖赏。

关于辉煌时刻，另一股有影响力的潮流来自那些想要秉持达尔文进化论的思想家。托马斯从这个进化谱系中获得了宇宙动态变化的观念，也获得了寻求超越自身的模式意识。

在这种背景下，辉煌时刻描述了进化中那些极其微妙的偶然性和必然性的交织，这些交织现象原本没有必要按已经发生的方式发生，但是已经发生的现象却为之后的一切提供了模式。这些时刻包括宇宙的爆发、微粒物质的聚合、星系在太空的涌现、超新星的创新性爆炸、太阳系和地球的形成、整个生物圈生命的出现等。在21世纪，这种进化的辉煌时刻正在进入人类的意识。我们所面临的挑战是要认识到，外部世界的进化过程中所发生的一切是如何塑造并继续影响我们的内心世界的。

对贝里来说，理解和回应辉煌时刻是一项伟大的事业，这项事业与宇宙和地球紧密联系在一起。贝里尤为感兴趣的是他称之为文化密码的文化传统与他称之为遗传信息的生命结构之间的关系。贝里对这些密码和信息之间关系的兴趣越来越浓厚。他不断思考着它们在人类辉煌时刻中所发挥的协同关系。在他看来，当文化表达与生物遗传信息表达的自发性一致时，辉煌时刻便应运而生。也就是说，遗传信息促使人类生存、生产和繁殖，而文化密码则表达了一种符号形式，这些内在驱动力能使个人和社会保持一致。意识到文化和生物的这些对应关系，可以使人类更全面地融入宇宙。

但就像这些辉煌时刻吸引并召唤着人类一样，它们同时也带来了超越我们理性力量的危机时刻。辉煌时刻的这种伟大力量，如果仅仅通过依赖理性的力量来理解，就会充满挑战、机遇以及对这些时刻的潜在误读。例如，科学作为一种认识世界的方式，可能在某些方面缺乏人类所需要的指导。意识到人类内在的宇宙自发性需要敏于感知后，托马斯将这种敏锐度与古老的医疗方法等联系在一起。就像原住民族从他们对宇宙的精神感知中唤起象征意识一样，人类也必须构建一个活灵活现的“迈向心智生态学之路”，正如格雷戈里·贝特森[①]在他的著作《迈向心智生态学之路》中所描述的那样。人类与自然界相互促进的关系会让我们产生一种特殊的敏锐感知，这能使我们做好准备，限制消耗，为地球疗愈自身提供它所需要的超然地位。根据贝里的说法，我们得到的越多，所期望的也越多。我们知道自己是宇宙伟大的奇迹，但也能感觉到自己与这种奇迹之源之间有多深的隔膜。

神圣的时刻

对于“辉煌时刻”这个短语，我指的是特别神圣的大变革时刻。这种变革的体验是一种神圣的体验。我们赋予生老病死的时刻以仪式。这些都是个人生活中的神圣时刻。因此，在历史进程中，存在着这样的转变时刻，其以不可逆转之势影响着未来的一切。换句话说，地球的诞生时刻，是一个奇妙的转变时刻，有了它，才有了地球上所发生的一切。有了生命诞生，才会有后来

① 格雷戈里·贝特森（Gregory Bateson，1904—1980），英国人类学家、社会科学家、语言学家、视觉人类学家、符号学家、控制论学者，他的著作还贯穿了许多其他学科。《迈向心智生态学之路》是他1972年的作品。——译者注

发生的一切，所以，这些辉煌时刻都是具有决定性的。

——《托马斯·贝里的演讲》，马蒂·奥斯特罗摄录，范卡特出品，2001 年

人类的转变时刻

在即将迈入 21 世纪之际，人类正经历着辉煌时刻。这是人类的幸运时刻，宇宙的巨大转变就发生在这样的时刻。未来是由宇宙运转的某种恒久模式所界定的。

这个世界有宇宙和历史的辉煌时刻，也有宗教的辉煌时刻。而此时此刻便是变革的时刻，既是宇宙的，又是历史和宗教的辉煌时刻。

下面的例子就是一个关于辉煌时刻的例子：太阳系形成的起点是一颗恒星，它在巨大的热量下坍缩，然后碎片散落在广袤无垠的太空中，恒星爆炸后的热量，经过漫长岁月后，使其中心形成了一百多种元素。唯有如此，太阳才能通过引力将这些碎片聚集在一起，形成现在的形状，然后在自己周围的椭圆轨道上留下了九个球状星体作为自己的行星。① 此时，地球逐渐有了形状，生命开始诞生，有智识的人类形态也有了出现的可能。

第一代或第二代恒星的超新星爆发事件可以被认为是宇宙的辉煌时刻，这个时刻决定了太阳系、地球以及地球上任何生命形

---

① 2006 年 8 月 24 日，第 26 届国际天文学联合会大会通过第 5 号决议，由天文学家以投票方式正式将冥王星划为矮行星，自行星之列除名，而《伟大的事业——人类未来之路》出版于 1999 年，当时冥王星仍是九大行星之一。——译者注

式在未来出现的可能性。

要使进化程度更高的多细胞有机生命形式出现，第一个富有生机的单细胞就必须出现：一个原核细胞，借助太阳的能量、大气中的碳和海洋中的氢，能够进行一种前所未知的代谢过程。从无机物到有机生命的最初转变，是由早期的猛烈闪电所引起的。然后，在原始细胞进化的关键时刻，另一个能够利用大气中的氧气及其巨大能量的细胞出现了，其通过呼吸释放氧气，完成光合作用。

这一刻，我们所知的生命世界开始繁荣起来，最终重新塑造了地球的样貌。草地上盛开的雏菊，知更鸟的美妙歌声，大海中海豚的优雅跳跃，这一切都在彼时成为可能，进而，人类才可能出现。天空中运行的天体汇聚生成了音乐、诗歌和绘画等表现形式，新的音乐、诗歌、绘画以新的面貌再次呈现。

这就是我们必须把迈向 21 世纪的过渡阶段称为辉煌时刻的原因。这一过渡转向的挑战来自方方面面，未来的可能性也同样多种多样。这样，我们已经确定了所面临的困难和机会。人类社会，特别是世界上各个工业国家，正在发生意识层面的整体变化。自工业时代开始以来，我们第一次对其破坏性进行了深刻的批判，对正在发生的一切感到沮丧犹疑，同时更具魅力的可能性也被铺陈在我们的脚下……

科学家们现在把宇宙的故事描述成了进化史。我们开始理解自己的身份，也理解了所有其他形式的存在，它们与我们一起构成了统一的宇宙共同体。这个共同的故事包括一切存在，每个个体都是彼此的亲眷，每一个存在都与其他存在密切相关，并直接影响着其他存在。

我们很清楚地看到，发生在人类群体以外的一切，也在人类群体之中上演着。外部世界发生的一切在内部世界也会发生。如果外部世界不再宏伟壮阔，那么人类的情感、想象力、智力和精神生活就会变得枯竭或彻底毁灭。如果没有自由翱翔的鸟儿，没有万木争荣的森林，没有昆虫的叫声和色彩，没有恣意奔淌的溪流，没有鲜花争艳的田野，没有日间的云朵和夜晚的星辰，构成人类世界的一切就会贫乏得可怜。

现在，自然界正在酝酿一种深邃的神秘感。虽然无法从技术上理解正在发生的一切和需要做出哪些改变，但我们能通过身边世界的奇观来感知事物的深层奥秘。自然历史散文家的著作大大地推崇这种感知，这是从我们为之深深沉醉的各种自然现象中得到的，是由相关主题的文学技巧和深度阐释呈现出来的。我们在洛伦·艾斯利的著作中，尤其可以体验到自然的奥秘，他在20世纪重现了身边自然界的许多奇观，延续了19世纪拉尔夫·沃尔多·爱默生、亨利·大卫·梭罗、艾米莉·狄金森和约翰·缪尔向我们呈现的宇宙观。

我们现在正经历着一个任何人都无法想象的重要时刻，一个新的历史时期，生态纪的基础已经在人类事务的每一个领域上建立起来。神奇的景象已经开始展现在我们面前。工业技术曾带给人类扭曲的梦想，而现在，正在被更切实可行的梦想所取代，人类应该与不断更新的有机地球村相互促进。梦想驱使人们行动，在更宏大的文化背景下，梦想会引领并促使人们行动。

但是，即使已经迈入新的世纪，我们也必须注意到，辉煌时刻是转瞬即逝的。这种转变必须在短时间内完成，否则机会将一去不返。在庞大繁复的宇宙故事中，人类成功应对了如此众多的危险时刻，这表明宇宙是支持我们的，而不是反对我们的。我们只需要再召集同样的力量来支持自身，继续为取得成功而努力。尽管我们绝不能低估人类为实现这些目标所面临的挑战，但也很难相信最终会有任何事物能够阻挠宇宙或地球实现这些宏大的目标。

——节选自《辉煌时刻》，见《伟大的事业》

从文化内涵到遗传信息

在 20 世纪末，人类对自身处境有些困惑，亟须获得引领。我们首先想到的是从文化传统中寻求引领，从文化内涵中寻求指引。然而，在现在的情况下，我们所需要的引领似乎是文化传统所不能给予的。文化传统本身似乎就是困难的主要来源。我们也许有必要超越文化内涵，向遗传信息寻求指引。

在文化发展过程中，人类很少考虑去探寻遗传信息中的智慧，因为我们通常没有意识到基因密码提供着存在的基本心理构造和物理构造。遗传信息不仅决定了我们出生时的身份，在整个生命存续过程中，它的引领作用也继续存在于身体的每一个细胞中，这种指引作用通过内在的自发性表现出来。我们只需要聆听生命每一构造、每一行为告诉我们的话语。人类确实发明了文化密码，但是创造文化内涵的能力本身是由内在遗传信息所决定的。

地球是生命的源头，我们需要追本溯源，依循基因密码，请求它的指引，因为地球本身带着生长于其上的每一个生命的精神结构和物质形态。人类的困惑不仅来源于自身内部，也来源于自己在地球村中所扮演的角色。或者人类需要超越地球本身，到宇宙中去，探寻关于存在和价值的基本问题，因为宇宙本身比地球承载了更多人类存在的深层奥秘。

我们只有首先探求宇宙、地球和人类存在的迫切需求，才有机会发现自己。每一种发现都具有创造力和远见，远远超出我们所能进行的任何理性思维或文化创造。我们也不应该认为这些探索是孤立于个人或人类社会而存在的，除了地球和宇宙之外，人类无法获得存在的根基。

与其说人类是地球上或宇宙中的一个存在，不如说是地球乃至宇宙本身的一个维度。人类存在模式的形成依赖于一切万物秩序的支持和引导。我们是宇宙中一切其他存在的直接关注点。最终，对任何重大问题的引领必须来源于万物的秩序。

这个源头离我们也不远。宇宙是如此靠近我们，与我们如此亲密，以至于我们竟然没有注意到它的存在。然而，文化创造中存在的一切真实，都来源于人类的自发性，这样的自发性来自源源不断的能量，来自简单明了的秩序创建能力，尽管我们几乎没有意识到这些力量的存在。

在如今这样的混乱时刻，我们不能简单地随着自己的理智进行发明创造。宇宙的终极力量通过人类自身存在的自发性呈现出来，并支持人类的行动。人类只需要敏于发现这些自发性，但不是用幼稚单纯的眼光来发现，而是用批判思辨的眼光来欣赏。历史主要不是仅由一个国家或几个国家创造的，而是由人类和地球，乃至地球上所有生物共同创造的。在这个背景下，判断各行各业的作用，主要是根据它们在多大程度上可以加强这种相互促进的人类 - 地球关系。

如果对于地球的整个历史发展进程来说，如今关闭地球的主要生命系统是最大的灾难，那么这个时代最大的需求就是通过改善人类与地球的相互依存关系来治愈地球。为了改善相互依存的模式，我们需要一种新型的敏锐感知力，依靠这种对自然世界中一些更加辉煌的表现形式的浪漫依恋之外的敏感性，既能领悟自然的迫切需求，又能领悟自然所带来的愉悦。我们只有乐于看到人类的影响力不断削弱，其他生命形式才会蓬勃发展。

人类这些敏锐的情感态度已开始在整个人类社会的许多活动中出现，这些活动通常是以生态运动的名义进行的。我们有理由把生态学看作最具颠覆性的科学，在回应外部局势和自然内部的重要需求时，这些生态运动已经开始对当今一些具有破坏性的文化行为形成挑战，不断升级的冲突开始扭转和主导人类发展进程的每一个方向。

——节选自《地球之梦：通往未来之路》，见《地球之梦》

地球奇观

进入 21 世纪，我们观察到认同地球奇迹的意识的广泛觉醒，这一点可以从致力于保护地球完整性的自然学家和环保组织的著作中看到。此外，科学界中讲述万物奇观的学者有：彼得·瑞文、诺曼·迈尔斯、林恩·马古利斯、埃里克·蔡森、乌苏拉·古迪娜夫、布莱恩·斯威姆等，他们向人们展示了身边随处可见的更大的世界奇观以及其错综复杂的细节样貌。

地球以及生活、生长于其上的万物带给了人们敬畏、崇敬和欢乐的情感，人类的冒险活动完全依赖于这些情感的真挚程度。

我们一旦把自己从万物生长的洪流中分离出来，从内心产生的真挚情绪中分离出来，那么，我们对生活的基本满足感就会减少。任何由机器制造的产品，任何基于计算机而产生的成就，都无法唤起人类对于生命的全部承诺，这些承诺来自人类存在的潜意识，而这些潜意识区域一直维系着地球，并带领人类以及整个地球村走入不可知的未来世界。

如何正确看待自己、如何正确看待地球的发展进程是一个极其紧迫的问题，特别是当我们面对着一个固有观念——认为地球上的一切只是可以买卖的商品的时候。这个紧迫的问题涉及地球的深层意义，也涉及需要人类的力量来共同塑造一个理想未来的问题。在学会理解这一切的过程中，我们可以从这样的理解开始：地球拥有无穷的能量，它们蕴藏在无数令人叹为观止的奇观中，而人类的理解和想象也无法完全阐释这些造物奇观。在一系列的变化中，无数能量储存在地球内部，不仅有化石燃料，还有物质结构内部的生命力量。

目前的危险并不是地球及生活于其上的万物所经历的第一次危险。地球在一系列令人惊奇的创造活动和破坏活动中找到了它存在的方式。一系列的灾难性事件塑造了大陆和各种各样的生命形式，它们自己不断地为生存而抗争。但是，现在地球遇到的危险是人类第一次有意识地大规模入侵到地球发展进程的自然节律中。这与地壳震动、冰川运动、早期物种的出现和消失有着根本的不同。它是以确定的形式攫取地球的能量，是从能量储存到能量消耗的转变，自有人类存在的历史以来，这种转变以任何时期都无法超越的方式和体量在进行。由于需要为工业界提供燃料，我们创造了一个与生物圈不相容的“技术圈”……

我们一定已经感觉到，支持我们存在的力量也创造了地球，这种力量使星系快速旋转，进入太空，“点燃”了太阳，又使月球进入轨道。这也是生命形式在地球中孕育出来的力量，并在人类中形成了一种特殊的反身意识模式。这种力量，使狩猎者和采集者流浪了 100 多万年的时光；这种活力推动了城市的建立，激励了各个时代的思想家、艺术家和诗人相继出现。同样的力量仍然存在于世；我们此时也确确实实地感受到了它的影响，了解到了人类并不是孤立地生活在寒冷的宇宙中，并不是没有其他力量的帮助而独自负重走向未来。

人类无处不在。从定义来看，人类就是这样的存在，整个地球通过我们进入了一种特殊的反身意识模式。人类本身是地球的神秘属性，是统一的原则，是物质与精神、肉体与心灵、自然与艺术、直觉与科学的对立和统一。人类是一个固有的整体，一切的统一都是为了实现特殊的运转模式。人类以这种方式扮演了依循普世之道的角色。如果人类是微观宇宙，那么宇宙就是宏观人类。每个人都是宇宙中的意愿表达者之一。

既然如此，我们就有必要对地球敏感起来，因为地球的命运与我们自己的命运是一致的，对地球资源的榨取就是对人类的榨取，消除地球的美学光辉就是对存在的贬低。为了自身需求爆破山峦，只为得到它的矿物资源，但是这样做，就失去了山峦的奇观和令人敬畏的品质，我们就破坏了自身存在，给自己带来了迫在眉睫的威胁。

人类与地球沟通并促进其生产力发展的古老仪式所起的作用可能越来越小。然而，它们确实表达了对地球奥秘的深切敬意。如果认为人类与地球不再亲密、不再具有互敬互爱的情感关系，从哲学角度看是不现实的，从历史角度看是不准确的，在科学上也是没有根据的。

人类并不缺乏创造未来所需的动力，其生活沉浸在超出人类理解范围的能量之海中。但这种能量，从终极意义上说，不能通过占领，只能通过召唤才属于我们。

——节选自《动态的未来》，见《伟大的事业》

四重智慧

在 21 世纪的最初几年，随着人类社会与自然界的关系经历了一个非常困难的局面，人类可能需要反思四个层面的智慧以指引我们走向未来：原住民族的智慧、女性的智慧、经典传统的智慧，以及科学的智慧。我们需要考虑这些智慧传统的独特功能，考虑它们在历史上辉煌灿烂的时期，以及考虑它们对即将到来的新时代的共同支持。人类在新时代的地球上要相互促进、相互进步。

人类越来越清晰地认识到，在现有状况下，单凭以上四种智慧传统的任何一种都不足以指引未来，它们应该共同发挥作用。在 21 世纪初，一个融合的智慧传统正在形成，而前面所述的每一种传统都有其独特的成就，也有局限和歪曲，它们对融合的整体智慧传统会做出自己独特的贡献，每一种传统的理解模式似乎都在经历着更新。原住民族的传统建立了人与宇宙存在关系的基本模式，这种模式第一次为我们所接受……

我们也是第一次开始理解，人类的课题应该由女性和男性共同关心和领导。这是一场从父权社会走向真正融合的人类秩序社会的运动。因此，传统的西方文明也不应该再竭力控制地球，而应该退居其后。这将是未来最严肃的一条准则，而现在的情况是，西方世界对地球经济主导地位的沉迷，甚至比对其他领域主导地位的沉迷还要强烈。

最后，我们要关注进化史，也就是要关注科学对未来的贡献。无论是从个人还是人类社会的角度，宇宙的故事就是人类的故事。我们希望可以安安心心去努力完成我们面前“伟大的事业”，愿人类需要的指引、灵感和能量都能如期而至。完成这项“伟大的事业”不仅是人类社会的任务，而且是整个地球的任务，甚至在地球之外，它也是宇宙本身的“伟大的事业”。

——节选自《四重智慧》，见《伟大的事业》

生态时代

如今，人类正在进入另一个历史时期，一个可能被称为生态时代的时期。我使用“生态”一词的首要含义，是指有机体与其环境之间的关系，同时，我也用它来表达地球上所有生物系统和非生物系统之间的相互依存关系。我们要进行精神等方面的转变时，就必须拥有精神力量，那么，至关重要的是要看到地球在整个空间范围和进化历程中与自身融为一体。这些转变需要整个地球的援助，而不仅仅依靠人类本身的力量，否则就会错误地估计这种挑战的体量。人类的这次挑战不只是要适应燃料供应的减少，或者是修正经济制度等，我们所面临的挑战规模要大得多，也许不仅要超越国别限制，而且要超越物种隔阂，融入更大的生命物种共同体。这会带来全新的存在感和价值感。

——节选自《生态时代》，见《地球之梦》

第9章
人类的角色

托马斯·贝里试图唤起某种深邃的能量，人类借此可以实现地球村的繁荣。他认为，人类的角色不能局限于商品的消费者或资源的剥削者，而是应该重新诠释人类在地球上的角色。人类应在大自然的动态力量中找到自己的角色定位，因为大自然孕育了一切生命，并继续为人类生活提供物质基础。新的角色定位有助于我们超越自己家庭、社会、政治等角色来认识自己。它召唤我们进入具有宇宙视野的角色，去充实宇宙和地球的力量。现在，我们要置身于一个更广阔的时代背景中——相对于140亿年的进化历史，人类只是后来者。如果地球用了10亿年才产生了第一个细胞，又经历几十亿年孕育了多细胞生物，最后为陆地与海洋、山顶与海底带来了生命，那么人类作为智者的角色定位又是什么呢？在46亿年的星球历史长河中，人类只有20万年的存在历史。这意味着人类不仅要成为具有自我反省意识的哺乳动物，还要成为具有智慧的哺乳动物，并且要将这种智慧加以培养和传承。

贝里认为，随着大约持续了6500万年的地质时代新生代的终结，人类接下来要进行的任务迫在眉睫。我们现在需要完成一项伟大的事业，为生态纪奠定基础。这项事业涉及建立基于可再生能源和绿色产业的可持续发展社区、构建有机农业和食品系统、打造宜居城市和绿色交通出行体系等。这一切都是他关注的一部分，因为他经常与相关领域工作者交流并找到共同语言，比如能源领域的约翰·托德和南希·托德夫妇、艾默里·洛文斯，农业和食品领域的韦斯·杰克逊、温德尔·贝里，以及绿色建筑领域的戴维·奥尔。

所有这些个体都在无形中参与了贝里称之为“伟大的事业”的一部分。事实上，每个人在这一具有革命性的事业中都有自己的角色定位。他经常会反思人类是多么无能为力，无法选择什么时候出生，也无法选择所处的文化或环境。然而，“我们生活的能力取决于理解和履行所分配的角色的方式”。从事这样一项伟大的事业，需要分享未来的梦想，立足生命的延续。贝里称这是我们“对共同梦想的感知”，它唤起了宇宙出现时来自宇宙中心的那些自发性和创造性的能量。

然而，人类还需要扮演更多的角色来发挥自身的作用。这个时代所面临的挑战不仅仅是要走向可持续的未来，还是要创造能为人类和地球的共同繁荣提供条件的未来。离开其他物种，人类无法独善其身。如果眼睁睁地看着其他物种逐渐灭绝，人类会担忧自身的存续状况，以及未来的迷雾中究竟隐藏着什么。这样的批判性反思是人类意识的一个根本性转变——需要较深层次的创新和力量，而人类尚未完全理解或难以想象这种创新和力量，这就是未来若干年需要解决的问题。无论是面临毁灭还是复兴，我们都在宇宙和地球力量的支持下，寻找通往未来的前进之路。

伟大的事业

把人类活动与宇宙更宏大的命运联系起来，并赋予其生命意义，这些决定性的活动支配着历史的走向。人类只要完成了这种决定性的活动，就可以算是完成了一个民族的伟大事业。以下是人类过去完成的其中一些伟大事业：古希腊世界的伟大事业深入挖掘了人类的思想，创造了西方人文主义传统；以色列的伟大事业阐明了人类事务中对神的新体验；罗马的伟大事业把地中海世界和西欧各国人民聚集在了一起，使他们彼此建立了有序的关系。中世纪时期，西方世界也有了基督教的雏形。这项伟大事业的象征是中世纪的各大教堂，它们在法兰克王国的各个地区高耸入云，庄严肃穆。

在印度，伟大的事业以一种独特微妙的表达，将人类的思想引入了对时间、永恒以及二者共存的精神体验之中。中国的伟大事业则是创造了迄今为止最优雅、最人性的文明之一。在美国，一部分先行者的伟大事业是定居在这片大陆上，并与赋予了这片大陆以生命和辉煌的各种力量建立亲密的关系。他们通过诸如平原印第安人的汗屋仪式，通过纳瓦霍人（迪内人）的赞歌和霍皮族人的卡奇纳日出仪式，完成这一伟大事业。人们通过这些仪式庆典以及这片大陆上原住民族文化的许多传统，建立了将人类与地球存续地融为一体的模式。

虽然人类一直在努力完成这项伟大的事业，并且也在人类活动中取得了重要成就，但贡献却又是有限的，原因在于其具有人类固有的缺陷和不完美。在北美，这是一种深深的刺痛感和对未来灾难降临的预感。我们开始意识到，欧洲人占领这片大陆，虽然其初衷可以理解，但是整个过程和手段却令人失望，他们从一开始就攻击了原住民族，并掠夺了他们的土地。欧洲人的占领过程中最引人注目的成果是为定居者建立了个人权利意识、共同参与管理的意识和宗教自由的意识。

虽然欧洲人的占领带来了一些科学的领悟和技术的进步，从而减少了欧洲人的疾病和贫穷状况，但进步所带来的是对这片大陆和自然的蹂躏，使自然界的发展出现倒退，使原住民族的生活方式受到压制，而且，本土居民还感染了他们以前从未得过的一些疾病，如天花、肺结核、白喉、麻疹。尽管欧洲人对这些疾病已经产生了一定的免疫力，但印第安人对这些疾病一无所知，也没有形成相应的免疫力。对美洲印第安人来说，这些疾病是致命的。

与此同时，来到新大陆的欧洲人致力于新工业时代的发展，这样的发展观逐渐主导了人类的意识。科学、技术、工业、商业和金融方面的新成就确实把人类社会带入了一个新时代，然而，那些造就这一新历史时期的人只看到了这些成就光鲜的一面，却对自己在这片大陆和整个地球上造成的破坏知之甚少，这种破坏最终导致人类与自然界的关系陷入绝境。人类对商业和工业的狂热，已经扰乱了大陆的生物系统，其影响的深度在人类历史进程中是空前的。

值此千禧年来临之际，人类的伟大事业是实现从人类毁灭地球的阶段向人类以互利的方式与地球共存的阶段的过渡。这种历史变化产生的影响程度远远超越了古典罗马时期向中世纪过渡的影响程度，也超越了中世纪向现代过渡的影响程度。只有 6500 万年前恐龙时代结束、新的生物时代开始的地质生物学的巨大变化才能与今日之巨变相提并论。因此，我们清醒地认识到，地球的生物结构和运转目前还处于混乱无序的状态……

现在，在 20 世纪的最后几年，人类越来越关注 21 世纪的几代人应承担的责任。

也许能为后代提供的最有价值的遗产是“伟大事业”这个观念，即摆在他们面前的人类课题是：停止破坏和剥削，与地球转为良性的共存关系。我们需要给下一代一些指引，告诉他们如何才能够有效地完成这项工作。因为任何历史时代的任务的成功或失败，都取决于生活在那个时代的人在多大程度上完成了历史赋予他们的特殊使命。没有哪个时代是完全独立存在的，每个时代都会拥有从上一代那里继承的东西。现在，我们有充分的证据表明，各种各样的生命物种，山脉和河流，甚至浩瀚的海洋本身，这些我们曾经认为不会受到人类严重影响的生命系统，未来都只能在已被破坏的大环境中生存。

摆在面前的伟大事业，即把现代工业文明从其目前对地球产生破坏性影响的状态转变为一种更为良性的存在方式，不是一种主动的选择，而是时代和历史赋予的使命，谁也没有与我们进行任何磋商洽谈，人类并未做出选择，而是被某种超越自身的力量所选择，来完成这项历史使命。我们无法选择出生的时刻，还无法选择我们的父母是谁，更无法选择出生于哪种特定的文化或者哪一历史时期，还无法选择精神领悟的高度或者政治经济条件，这些都只是生活的背景。事实上，我们被抛到这个世界上，不得不面临挑战和使命，没有选择的余地。然而，生活得是否崇高，却取决于如何理解和履行我们自己的职责。

我们必须相信，赋予我们使命的那些力量，一定会同时赋予我们完成这些使命的能力。我们必须相信，这些创造我们的力量同时也是庇佑和指引我们的力量。

我们的特殊使命，也会传给子孙后代，这一使命就是要设法实现从即将完结的新生代到正在出现的生态纪的艰难转型。在生态纪，人类将不会缺席而是会参与到地球村的全方位活动中……

综上所述，我们可以得出这样的结论：一个民族的伟大事业就是其中所有人的事业，任何人都不能置身事外。虽然每个人都有自己的生活模式和责任，但是除了这些个人忧患之外，每个人都在通过自己个人的事业来协助完成人类共同的伟大事业。个人事业需要与伟大的事业保持一致。我们在中世纪时期可以看到这种一致性，当时个人生活的基本方式和工匠技能与更大的文明事业进程保持一致。虽然说在当今这个时代，保持这样的一致愈加艰难，但我们仍应把它视为一种理想去追求。

毫无疑问，我们已经被赋予了所需要的知识视野、精神洞察力，甚至是物质资源来实现这一转变。转变是时代的诉求，我们要从人类是地球的灾难的阶段过渡到人类与地球相互亲善、相互融合的阶段。

——节选自《伟大的事业》，见《伟大的事业》

人类物种层面的改造

目前的人类状况可以用三句话来描述：

1. 在 20 世纪，人类的辉煌兴盛导致了地球的废弃荒凉。

2. 地球的废弃荒凉正在成为人类的命运。

3. 目前所有人类机构、行业、计划和活动的判断依据，必须要看它们在多大程度上抑制、忽视或促进相互亲善的人类与地球的关系。

根据以上陈述，我们提出这个时代的历史使命是：

- 在**物种**层面上
- 进行**批判性**反思
- 在**生命系统的共同体**中
- 以**时间发展**为背景
- 通过**故事**和
- 分享**梦想体验**
- 来**改造**人类。

第一，“改造人类”，这种需求表明我们所面临的地球危机似乎超出了现有文化传统的范围。我们需要的是超越现有传统，回归人类最根本的维度，改造人类自己。这个问题的严峻程度前所未有。人类发展之所以陷入僵局，是因为人类使地球上几乎所有生命系统的发展都陷入了僵局。人类的生存方式是存在一定问题的。

目前的困难是，人类仅仅从物理维度来设想宇宙，却失去了这样的认知：宇宙从一开始就是心灵 - 精神的、物质 - 肉体的存在。宇宙历经整个进化过程，在各种生命形式的全盛时期中，在地球上显现出来的各种意识模式中，找到了它的表达方式。

巨大的空间曲率把一切事物都紧紧地包裹在一起，这样足够紧密，为宇宙提供了结构上的完整性，同时又足够开放，使宇宙能够继续展开。在这种背景下，我们需要对人类的宇宙中心身份有一个新的认识。

第二，由于我们的问题主要是物种问题，所以必须“在物种层面”操作。这一点在人类的各行各业中表现得都很明显。就经济而言，我们需要的不仅是国家经济或全球经济，而是物种经济。各类商学院传授的技能是，如何以最快的速度处理尽可能多的自然资源，使其进入消费市场，再被扔进垃圾堆。这些垃圾往好里说是毫无用处，而更可怕的结果则是毒害生命。人类有必要同其他生命形式发展互惠的经济关系，应与其他生命系统一样，提供相互支持的可持续发展模式。

在法律方面，我们需要特殊的法律传统，为地球村的各组成部分、地质与生物以及人类这些组成部分提供法律权利保障。只为人类利益建立法律的制度是不符合实际的。例如，我们必须赋予生态栖息地以神圣不可侵犯的法律地位。

第三，强调“批判性反思”，是因为这种对人类的改造需要我们竭尽全力。人类需要一切科学知识，也需要一切先进的技术。但是，人类必须确保自己的技术与自然界和谐一致。人类的知识需要对自然界有创新性的回应，而不是占领支配自然界。

人类进入生态时代时，要坚持批判性的理解，以避免只被自然界的美妙之处吸引，这种美妙而不切实际的吸引无法解决我们面临的迫切危机。自然界固然有凶猛和危险之处，却也不失宁静与平和。人与自然界的亲密关系绝不能掩盖这样一个事实，即我们一直在与自然力量进行斗争。生命在各个层面上都有其痛苦和沉重的一面，但它的全部作用是加强生命世界的内在本质，并提供一场宏大的冒险，带给我们无穷无尽的惊险体验。

第四，我们需要“在生命系统的共同体”内改造人类。因为地球没有被信仰传统或科学传统充分理解，所以人类已经成为一种附属品或入侵者。我们一直以来都喜欢这种状况，因为它使我们不必与地球相互依存、构成整体，这样的态度使人类与地球割裂开来，形成离散的个体，而统一整体的伦理关系主要取决于整个地球村的福祉。

尽管地球是一个统一完整的共同体，但全球各处特点各不相同。地球在生物群落共同体方面高度分化——例如在北极和热带地区，地球的山川、河谷、平原和沿海地区各有特点。这些生物群落可以被描述为相互作用的生命系统，生活在各具特征的地理区域，它们在不断更新的自然过程中可以获得相对的自给自足。作为地球的功能单位，这些生物群落可以被描述为自我繁育、自我滋养、自我教育、自我管理、自我疗愈和自我实现的共同体。

我们必须把人口水平、经济活动、教育进程、政治治理、治病疗愈和自我实现与这一共同体进程相结合，共同展望。地球本身是地球上一切事物的祖先，是经济学家、教育家、立法者、疗愈者和地球上万物的实现者。

我们要实现繁荣和可持续的人类生存模式，建立可以继续生存的环境，仍然存在着巨大的困难。然而，有一件事可以肯定，人类的未来与更宏大的生命共同体的未来是不可分割的。这是因为生命共同体把人类带到这个世界，并保障了我们在人类生活品质每一方面的表达——审美和情感敏感性，智力感知，对神的认知，以及身体营养和身体疗愈。

第五，改造人类必须“以时间发展为背景”。这构成了这里所描绘的宇宙论维度的蓝图。我们对自己是谁、扮演什么角色的认识必须从宇宙起源的地方开始了解。不仅是宇宙的形成，人类肉体和精神的塑造也都开始于宇宙的起源。

——节选自《基督教的未来和地球的命运》

伦理形成的三原则：差异化、主体性、交融性

伦理的形成需要三个基本原则：差异化、主体性和交融性。

人类目前的所作所为违反了这三个原则最初所要传达的几乎每一项内容。

进化过程的基本方向是在事物的运转秩序中不断表现出差异化，但现代世界则是朝着单一文化的方向发展。这是整个工业时代的固有方向。工业固然需要标准化，但一个不变的倍增过程，会其内涵无法再丰富。在一种可接受的文化背景下，我们意识到，每一个事物的独特性质决定了它对个体和社会的绝对价值。个体与社会的价值是互相成就的。对个体的侵犯就是对社会的侵犯。

主体性是从宇宙过程中衍生出来的第二个伦理原则。每个个体不仅与宇宙中的其他个体不同，而且内在有自己的表达。每个事物，在它的主体深处，都承载着宇宙从何而生的神圣和神秘。我们可以把它定义为个体的神圣深度，个体的主体性。

交融性是第三个伦理原则，它提醒我们，整个宇宙以这样一种方式联系在一起，每个个体的存在感贯穿整个宇宙的时空范围。这种把宇宙各组成部分相互联系起来的能力，使各种各样、丰富多彩的生命得以在我们所能感知的绚丽图景中降生。

——节选自《基督教的未来和地球的命运》

宇宙往事

我们需要感谢“宇宙往事”所扮演的引领者和鼓舞人心的角色。通过经验观察而了解的这个世界的故事，是最有价值的资源，它为人类物种以及所有的生命系统建立了可行的生存模式。通过这些生存模式，地球实现了壮丽和丰饶，获得了不竭的自我更新的能力。

这宇宙往事包含了银河系的扩张、地球的形成、生命的出现、人类意识的展现，这个故事在这个时代完成了自己的角色定位，展现了宇宙的浩瀚神秘；而在人类存在的早期，人类的意识由意识的空间模式所统领。宇宙往事代表了人类意识的转变——从把宇宙视为系统有序的整体到把宇宙视为演化中的宇宙。这代表了精神路径的转变，从追求理想世界直至抵达永恒世界的中心的旅程，转变为把宇宙本身作为一次主要的、神圣的、不可逆转的伟大旅程。宇宙之旅就是宇宙中每个个体的旅程。因此，这个伟大旅程的故事是一个激动人心的启示性故事，它给了我们宏观层面的身份，这是人类所需意义的更大维度。能够用宇宙宏观层面的模式来识别事物的微观层面是人类所要达到的实质性目标。

人类的当务之急是，在地球不断发展的、自成一体的生命系统中继续这一旅程，继而迈向未来。但目前这些生命系统的存续受到了威胁。人类的重大失败是生命共同体中许多相当优秀的物种在旅程的进行中走向了终结。正如科学家诺曼·迈尔斯所指出的那样，一个可怕的事实是，我们正处于一场灭绝的阵发过程中，这可能是“近 40 亿年前第一次闪现生命之光以来对生命的丰富性和多样性造成的最大一次打击”[①]。为了创造出这样一个美丽的地球，宇宙进行了数十亿年的不懈劳作和持续照料，也进行了难以计数的尝试。然而，在不到一个世纪的时间里，人类却为了在一个“更美好的世界里朝着更美好的生活目标取得进步”的所谓梦想，否定了之前全部的辛勤努力和小心看护。

——节选自《基督教的未来和地球的命运》

共同的梦想体验

这个时代有关伦理要求的最终定义，就是“共同的梦想体验”。无论是人类还是宇宙秩序中的创造过程，都太神秘了，难以简单地做出解释。然而，人类有进行创造性活动的经验。由于人类的各种尝试过程包含了大量的试错体验，只有偶然的成功经验才让我们在高水平层面上变得卓越，所以，我们完全可以相信，宇宙生成的过程也经过了一个漫长悠久的实验时期，最后才演变成现在这个秩序井然的宇宙。

在这个人类和宇宙秩序的创造过程中，我们可以用一种模糊而不确定的方式感知到某种事物，一种闪耀着意义光芒的事物。这种事物能吸引我们进一步厘清我们的理解和活动。突然，在无形的状态中，一个有形的实在出现了。这个过程可以用很多方式来描述，这种过程就像摸索、感觉或想象的过程。描述这个过程最恰当的方式或许是梦想的实现。宇宙似乎是某种富有想象力且

---

① ［英］诺曼·迈尔斯：《生物多样性危机和进化的未来》，载《环保主义者》1996 年第 16 期，第 37 ～ 47 页。——作者注

势不可挡的事物的实现状态，它一定是在梦中诞生的。

但是，如果梦是创造性的，我们也必须认识到，因为梦境支离破碎、意义欠缺、表现夸张，所以梦境或神思恍惚具有巨大的破坏性。这在政治意识形态和宗教幻想中已经屡见不鲜，但在地球历史上没有任何梦境或神思恍惚能造成现今工业文明所带来的那种破坏。这种恍惚状态应当被看作文化上的沉疴宿疾，只能通过对症的深层文化治疗来刮骨疗毒。

这就是现状，其所涉及的不仅是伦理问题，在现阶段，文化本身的结构也认可了干扰。似乎西方社会对俗世状况存在深层、内在的愤怒，而统领 20 世纪的梦想，就是这种愤怒的终极表现。就像对待下了金蛋的鹅一样，地球受到攻击时，人类徒劳地不仅想要占有地球上的瑰丽果实，还觊觎地球创造辉煌的力量本身。

在这样的时刻，我们需要新的启示经验，让人类的意识觉醒，认识到地球进程的辉煌和神圣。这种觉醒是指人类参与到了地球之梦中，但这种与地球梦想的融合并不存在于地球的任何文化表达中，而存在于人类基因密码的深处。地球在超出人类积极思考能力的深度层面运行着，我们只能意识到那些已向我们揭示了的东西。人类可能很早就已经放弃了参与地球之梦，但只有参与其中才能让未来充满希望，让整个地球村充满希望。

——节选自《基督教的未来和地球的命运》

第 10 章
异化和重建

托马斯·贝里深受“二战”后欧洲存在主义运动的影响。当时，萨特和加缪的作品和小说被广泛传颂。两次世界大战之后，意义的瓦解导致人类个体之间、个体与周围世界之间产生了深刻异化感。贝里对异化根源的理解使他对人类的孤独和痛苦感同身受。此外，20 世纪 60 年代，这种异化引发了另类文化，贝里对此表现出了浓厚的兴趣。他与 60 年代活跃的年轻人广泛接触，不仅在教学中与之交流，还对学生的奋斗与挣扎十分关心。经常可以看到贝里和一群学生在里弗代尔的百老汇餐厅边喝咖啡边吃烤奶酪三明治，讨论着意义和异化的问题。

贝里深刻地意识到异化现象在现代生活中无处不在。他指出，人与人之间，特别是富人和穷人之间，存在着深刻的差异与隔阂。他尤其强调，我们正在与自然渐行渐远，由此造成了难以避免的伤害。

异化具有多种形式，贝里对异化问题给出的解药体现了他对宇宙和地球之间紧密联系的理解，这种联系孕育了我们，并且一直在滋养着我们。通过恢复这种关系，我们可以开始更新和重建疗愈过程。贝里意识到我们在这个过程中需要谦逊，因为人类无法给予万物生命。“我们只能接受、捍卫、培养，偶尔能协助进行生命疗愈工作。”

贝里还认为，除了异化之外，孤独也围绕着人类，尤其是当人类自己远离自然、不把自己看作地球村的一部分时。他曾撰写《孤独与存在》一文，内容来自他1999年在哈佛大学“宗教与动物”会议上发表的一篇论文。在该文章中，他以一种强有力的观点打动了观众，那就是宇宙不是客体的集合，而是主体的交融。事实上，“主体的交融”这个短语后来成了会议论文集的题目。

在那篇文章中，他以其独特的“相互包含”的表达打动了科学和宗教领域的学者。他在文中指出了有生命的世界和无生命的世界是如何建构内在的存在原则的。这就是为什么我们可以感觉到我们与走兽、游鱼和飞鸟的互惠关系。这也是为什么我们能感受到一个地方的灵魂，这个地方可以是故地或要地，一处特别的荒野或林地，开阔的田野或草地，河流和山脉。毫无疑问，这就是为什么我们要在大自然中寻求更新和关系的再创造。人类与自然产生深刻共鸣的感觉广泛而持久。这就是艾德·威尔森和史蒂芬·科勒所说的“与生物亲善”。

尽管在现代社会中人们可能已经丧失了这种亲善能力，但在试图拯救搁浅的鲸鱼、保护大象、帮助筑巢的海龟、守护候鸟和蝴蝶栖息地等的经历中，这种能力正在重现。这种超越异化和孤独，与一切生命共存的迫切愿望，是人类最大的希望源泉。因为这种共存的体验在我们心中点燃了一把火，让我们有了某种更宏大的归属感——归属于时时与我们相伴的伟大的生命之舞，并将我们与无垠深邃的奥秘相连，这奥秘让我们与万物紧紧相拥。

找到人类的位置

从某种意义上说，异化是人类最古老、最普遍的经历。人类正面临这样的困境：很难找到个体身份以及在宇宙中的适当位置。这在 19 世纪和 20 世纪的西方文明中尤为明显，人类在经历了一系列快速历史变迁的同时，也经历了真实存在的挑战。“真实的自我”与“虚假的自我”身份之间的异化，是整个 20 世纪心理治疗的核心问题。在 20 世纪 60 年代美国激进左派的反文化运动中，异化现象尤其严重。这些反文化运动激烈反对现存的社会结构，同时存在着一批“花癫派”①，用浪漫神秘的方式反抗严酷的工业生活。

进入 21 世纪后，我们经历着一种新的异化，这是因为我们无法有效地与地球的整体运转关联起来。这种异化是极端的人类中心主义和消费主义发展的结果，正在造成对地球的剥削和破坏，而这一切据说是为了人类的利益。近些年来，几乎仍然没有人意识到人类的自我实现在多大程度上取决于地球整体运转的作用，完整的地球要包括所有壮丽的自然景观（如森林、山脉、林区、河流和湖泊），以及野生动物的奇观（如走兽、昆虫、游

① “花癫派”是嬉皮士的一种外号，这些人因常头戴花或向行人分花而得名。“嬉皮士”是 20 世纪 60 年代在美国出现的对社会采取消极反抗态度的亚文化群体。——译者注

鱼和飞鸟）。

与自然界的异化使我们对现代技术的好处怀有不切实际的期望。这些期望蒙蔽了双眼，让我们无法看清用来解决人类困境的方案本身的罪恶之处，如使用化肥提高了粮食产量，却破坏了土壤的自然肥力。对林地的赤裸裸的侵犯，使森林已经无法再自我更新。在人类不懈地探寻海洋生物的过程中，逐渐耗尽了那里数千年累积的丰富资源。

过去 200 年间，随着在操纵地球村中非人类要素方面的能力的愈发驾轻就熟，我们也逐渐丧失了最基本的认识，无法认识人类在该共同体中的作用和地位。作为人类，我们期望整个宇宙都能回应我们，把我们视为价值的最终参照和仲裁者。而当意识到我们无法控制周围世界时，我们就会感到沮丧，然后在文化绝境中泥足深陷。

在追逐建立商业主导型的消费社会时，人类忽视了维持任何运转的社会所必需的基本要素和理想。就好像人们把自己封闭在汽车里，彼此隔绝，破坏了共同体的联结意识。此外，富裕和不富裕群体之间，富裕和贫困群体之间的差距不断扩大。无论是作为个体还是作为社会，我们都是孤立和异化的。我们之所以被捆绑在一起，主要是由于现代民族主义国家的政治和法律约束力，以及我们对工业、商业和消费社会的依赖……

是整个宇宙赋予了人类生命，给予了人类教化，实现了人类的存在方式。更准确地说，是太阳系和地球创造、教化和完善了人类。人类当代遇到的困难是，除了极少数情况之外，在所有人类传统中，我们的关注点几乎完全集中在人与人之间、神与人之间的关系上。人类与地球的关系还没有得到理应获得的全面考量。这就是我们当代所面临的困难和挑战。

——节选自《异化》，见《神圣的宇宙》

密切的关联

在对宇宙起源和结构的现代实证研究中，我们对宇宙作为一切存在方式的终极参照有了新的认识。事实上，如果不接受宇宙中一种存在与另一种存在之间的密切联系，科学就失去了它的价值。如果不能解释整体，就无从谈及解释部分。对宇宙任何一部分的解释对于理解宇宙本身都是不可或缺的。

对人类来说，最重要的体验就是在这广袤的宇宙中，自己是如何产生，如何持续存在，又是如何取得成就的。这来自物质和滋养的源头，要求人类回归宇宙，这是我们的宿命。更确切的说法是，关于宇宙的任何说法也都可以适用于相应的地球语境。地球的各个组成部分构成了一个完整的共同体。

通过这种方式，人类对自己、对宇宙以及对宇宙中存在的所有力量都有了完整的认识，人类就可以彻底战胜异化。这个时代的绝妙之处在于，将科学探究所赋予的对地球的物质认同、体验和理解，与同伟大地球母亲相关的传统神话符号和仪式结合了起来。要正确理解这两者的关系，我们就必须克服与宇宙和地球的异化。要获得这样的理解，需要人类对自然界谨慎以对，关爱有加，还应该唤起人类情感和想象力的共鸣，同时，这种理解也为人类在自然界的审美追求和欢庆盛典提供了条件。

——节选自《异化》，见《神圣的宇宙》

重建

然而，遍布地球的生命系统是一个完整的共同体，它亟待重建，我们必须思考和回应这种迫切需求。重建是我们共同的任务，我们只有在共同体中才能生存，在孤立个体中任何生命都无法存活。无论是在对生命系统的理解上还是在功效上，人类科学在这个领域都达到了自身极限。人类已控制了自然生命系统的浅层区域，这种控制具有巨大的破坏力，但令人遗憾的是，它们的可再生能力有限。我们可以掠夺生命，但不能给予生命。我们只能接受、捍卫、培育，偶尔还帮助治愈世界上的生命。能实现以上四种作用的技能将是未来的伟大技能。我们希望，至少在一定程度上，地球上日益萎缩的生命系统中的重要力量本身能够恢复几百年以来它曾显示过的创造力。例如，我们在苏门答腊岛和爪哇岛之间的喀拉喀托岛看到了这个系统的创造力。1883 年，喀拉喀托岛的生命系统几乎被一次火山爆发完全摧毁，然而，其后它以惊人的恢复能力获得了重生。这次重生没有受到人类的任何援助，全部独立完成。

在广袤的大陆上，人类的存在和工业化进程耗尽了土地的肥力，弄脏了空气，污染了河流，毁坏了森林。恢复曾经遍布海洋的鱼群，已经成为一项挑战。我们需要从新的高度理解死亡 - 重生的象征意义，所需要的便是与地球和谐相处的新模式。生活的情感秩序、审美秩序、精神秩序和宗教秩序所需要的关键转变都是我们即将面临的。只有人类意识深处的变化，才能弥补这种破坏性行为所表现出的深层文化病态。然而，如果不珍视我们的星球，就不可能发生这样的转变。这个星球提供了数量众多、种类各异的食物供人类生存，提供了各种形式美、味道甜、香气佳的精致事物供人类享受，也提供了各式振奋人心的挑战来百般锤炼我们的肉体与精神、激发我们的行动。诗人和画家可以重建这种与自然世界和谐相处的感觉。正是人类与大自然的相互作用，以其复杂多变又美得超凡脱俗的再生力量，向我们提供了未来工作中所需的心灵和精神能量。

——节选自《异化》，见《神圣的宇宙》

孤独与存在

据报道，在1854年与欧洲殖民者签订条约时，北太平洋沿岸斯夸米什部落的西雅图酋长曾发表这番言论，当全部动物灭绝时，“人类也会孤独而死”。这是欧洲殖民者可能从未想到过的见解。然而，我们最近才开始意识到这一点，意识到这种超越人类建立友伴关系的需求所具有的重要意义和紧迫性。为了理解人类对自然界及其中所栖居的动物的原始需求，我们以人类孩子的需求作为类比，尤其是2岁、3岁和4岁的孩子。我们几乎不能以任何有意义的方式与他们交流，除了通过图片和故事中的人类、兽类、田野、树木、花朵、飞鸟、蝴蝶、大海和天空等。这些事物向孩子们呈现了一个充满奇观、美丽和亲密的世界，一个足以吸引孩子让他们克服成长早期所必然经历的悲伤的世界。这是万物成长的世界，在某种程度上，我们成长于现实中；从另外一种视角来看，我们成长于充满图画和故事的环境。

孩童体验到了存在于宇宙万物之间的“友好关系”，托马斯·阿奎那曾经在 5 世纪末期神秘的基督教新柏拉图主义者伪狄奥尼修斯的作品评论中提及这个宇宙。的确，如果没有地球上万物的陪伴，人类就无法正常发育，成为真正的自己。这个更大的共同体成就了人类伟大的自我。甚至在地球之外，人类与宇宙的整体存在也关系密切。科学家们对更伟大自我的追逐促使他们不懈地寻求对周围世界的更深刻理解。

人类与宇宙的亲密关系需要做出改变，从与最小的粒子，到与遍布在夜幕上的满天星斗的关系都要做出改变。更直接呈现在人类意识面前的是地球上的无限风光；头顶的天空，脚下的大地，绿草、鲜花、森林和动物世界都铺陈在我们面前，丰富着我们的感官。万物都以其独特的完美，充盈着我们的心灵，激发着我们的想象，牵动着我们的情感。

在种类繁多的存在方式中，动物的种类最为多样，它以一种特殊的方式被归类到有意识的人类世界中。几年前，乔安妮·劳施写了一本关于小动物（具体来说是昆虫）的书——《小小世界的无穷之音》(1999)，说明了即使是那些最不受关注的生命形式，在宇宙的宏大设计中也有自己独特角色的一席之地。它们与我们的对话，绝不能受到怠慢或轻视，如果试图用化学喷雾驱赶它们，它们就会发生变异，一次又一次地向人类进行反击。

——节选自《孤独与存在》，见《晚思》

宇宙庆典

宇宙中有着数以百万计的生命形式，人类只是作为其中不可分割的组成部分而出现。人类早期会为宇宙和生命存在的神圣举行敬拜仪式。从意识觉醒的那一刻起，宇宙就为整个人类发展的过程带来了各种奇迹和物质的满足。人类和宇宙是彼此依赖、相互成全的。每当季节变换之时所进行的节日庆典都体现出了人类对宇宙感知的表达，例如，在长夜漫漫的冬季、生机勃勃的春季、骄阳似火的夏季、硕果累累的秋季里都有节日休假或庆典仪式。这些时刻是对宇宙不断更新的庆祝时刻，是宇宙在某种程度上与自身各组成部分亲密接触的时刻。

即便对于它自身和它的各种组成部分来说，宇宙都表现出了其广阔无垠的特质。但每一个组成部分都经历着一个具有挑战性甚至是威胁性的一面。个体生命形式都在历史中留下了印记，它必须肯定自己的身份，发挥自己的作用，然后在现象世界不断更新的过程中将历史角色让位给其他个体。这种“让位”代表着生命个体因退出历史舞台而消失，而西方传统对退出历史舞台唯恐避之不及。由于人类对任何个人痛苦都非常敏感，想要逃避任何对个人存在造成的威胁，所以我们致力于谋求个体生存，认为个体生存高于一切。在拓展生命极限的过程中，人类破坏了地球上生命系统的共同体。这最终造成人类无法在宇宙更宏伟的目标中履行应尽的义务。

我们没有与宇宙中更大的庆典－祭献融为整体，而是选择维护人类的个体福祉并将个体生存作为最高价值。对西方世界而言，人类才是宇宙中善与恶的基本参照标准。相比之下，所有其他的存在方式都变得微不足道，它们的存在和价值在于是否可供使用，以实现人类自身福祉。这样一来，我们就失去了原本与更宏大生命共同体之间的亲密关系。只有当我们与宇宙统一到一定程度，对宇宙有归属感，并在其中有所思有所感时，人类才是找到了真正的自己。亲密关系只存在于惊奇、赞美和情感共鸣中，当事物给予彼此发自内心的关怀时，事物之间的存在关系才能彰显出和谐美满的画面。

——节选自《孤独与存在》，见《晚思》

人类与动物的关系

人与宇宙的亲密关系存在于人类与满天繁星的关系中，存在于人类与地球上繁茂生长的万物的关系中，但人类与动物世界其他成员之间的这种关联、这种相互回应，对宇宙中其他的存在模式来说，仍是未知的。我们与动物之间的关系尤其体现在它们在引导、保护和陪伴方面给我们带来的让人叹为观止、多种多样的好处。除了多种多样的帮助，它们还为我们展现了世界各处的奇观，为人类提供精神陪伴，并激发了精妙绝伦的想象力。甚至除此之外，它们还提供了一种独特的、情感上的亲密体验，这是我们无法从其他来源获得的。动物可以在身体和精神上为人类做一些无法为自己完成或无法为其他人完成的事情。它们通过自身的存在和对人类内在需求的回应，送给了我们更加珍贵的礼物……

在这样的时刻中，人类的活动在宇宙中得到了确认，宇宙在人类面前也获得了肯定。奇观、美丽和亲密也得到了至高体现。正如考古学家亨利·弗兰克福特所观察到的，在古代近东，宇宙的各种存在模式都被称为“你”，而不是“它”。“自然现象似乎是根据人类的经验有规律地想象出来的，而人类的感知是根据宇宙事件设想出来的。”作为人类，我们被这个矗立在面前的奇观所唤醒，我们必须在这一壮观的场面中发现我们的角色。

西方文明若要复苏，就需要从目前的醉心于利用事物，并把利用作为我们与动物、与外部世界的主要关系的状态中解脱出来，必须从世界内部的发现开始，了解到这个世界被希腊人称作 psyche（灵魂）[拉丁语译作 anima（灵魂），英语将其称作 soul（灵魂）]。anima 是最早出现在欧洲思想中的一个词，被用来指代有生命的、有活力的或有灵魂的存在。尽管 soul 这个词已经被科学家们弃之不用，以免损害实证研究的基础，但我们所使用的语言却永远保留着这种思想所表达的实在。animal（动物）一词永远表示有灵魂的存在。

——节选自《孤独与存在》，见《晚思》

相互包含

灵魂或心灵 [anima（灵魂）、soul（灵魂）、spirit（心灵）、mind（思维）] 的内部世界为生命之间彼此感知的内部存在提供了基础。简单来说，在万物的物质层面上，事物不能既占据相同的空间，又同时保持个体自我。这种在同一灵魂空间内相互包含的行为，是所有生命体超越物质维度所拥有的独特能力。两种灵魂形态不仅可以在同一个灵魂空间中相互呈现，而且可以呈现出无限多的形式。的确，整个宇宙都可以存在于其中，正如托马斯·阿奎那所说的，“心灵在某种程度上就是万物”。即便如此，虽然内部存在与外部的体验不同，但并不是独立于外部体验的。这种互相包含而又彼此区别的能力，就是灵魂、心灵或精神层面的能力。在这个内部与外部一体的领域里，我们获得了圆满。

把任何存在模式简单地归结为存在于共同体内有使用价值的

事物，这便是一种离经叛道。尽管非生命世界没有灵魂作为事物的根本，但无生命世界中的每个成员都有一个作为其内在之本的对等物。这是一种内在的形式，传达着一种力量，一种持久的品质，一种连生命世界都无法彰显的壮观。无生命世界以一种更亲密的方式提供了神秘的物质，这种物质可以转化为生命。精神碰撞的火花便在这个过程中迸发出来。大山有灵韵，江河和蔚蓝的大海也有灵韵。这种万物有灵模式已经得到世界各地原住民族的认可，过去的古老文明也认可这种万物有灵模式是个人存在的方式。

想要知道和想要被知道都是事物内在形式的活动，而不是事物外在结构的活动。这种内在形式是周围可见世界的一个独特维度，而非单独的存在。弱化这种内在形式，认为内在形式不过是二元论中的一元，或认为这是一种低级的万物有灵论，就如同把人类的视觉成像归因于物体的印象经过提炼，伴随着光打到人的眼睛里，或者如同把莫扎特的交响曲视为演奏乐器的简单振动，这样的理论根本无法令人信服。

西方文明最令人遗憾的一个问题是，在过去的几个世纪里，这种内在的存在方式相对于其他存在模式，影响力已经日渐削弱。虽然这种能力的削弱是在最近几个世纪才完全体现出来的，但其削弱的苗头却扎根于文化传统中更深层的价值取向，即强调人的精神方面要超出其他存在模式的非精神方面，并与之对立。

我们可能认为自己正在摆脱西方文明所灌输的所谓普世价值，这种价值观认为人类是一种优越的存在，是人与周围世界的主要关系。正是从人类的存在中，我们才刚刚开始认识到，即使人类是存在于这一伟大共同体中的极其重要的组成部分，其仍然只是共同体中的一个组成部分而已。我们可能记得，自身存在的实在，只有在尊重自然界为我们提供的交流语境的情况下才能得到验证，这些自然界交流所借助的方式包括好奇心、美妙的想象力和亲密之情。我们渴望见到野外生物，渴望与它们在一起的心态似乎表明，我们已经开始体验到了那位西雅图酋长所警示的孤独。

——节选自《孤独与存在》，见《晚思》

第 11 章
生命的冥想

托马斯·贝里在美国南部长大，当时那里正处于新兴工业化时期。他早年看到工厂和城市化改变了南方农业的底色，这些画面深深刻入了他的脑海，并伴随他一生。事实上，当他 1994 年回到北卡罗来纳时，他对该地区的高速发展仍然深感沮丧。他在那里度过了生命最后的 14 年，其间反思了工业化对人类社会的有害影响，人类又从中失去了什么。他对无节制的消费主义和破坏性增长感到痛心疾首，例如肆意兴建购物中心、豪屋美舍和用杀虫剂维护高尔夫球场而最终造成了对土地的破坏。

他在格林斯伯勒度过的青年时代为他与自然界的亲密关系打下了基础，并为他一生不断地培育和滋养这种亲密关系。他在《小溪对岸的草地》中描述道，5 月春日的下午，小溪对岸绿草如茵的大地景象深深地刻在他的脑海里，使他多年以来仍对大自然那片草地魂牵梦绕。“只要在这片草地的自然变化周期中保护和改善它，就是积极向上的；任何对这片草地的不利之处和否定它的东西都是消极沮丧的。我的人生目标就是这么简单。”

对托马斯·贝里来说，这不仅仅是他与春天美丽大自然的浪漫邂逅，还使他的思想扎根于现实的深处。这里是一个繁盛的生态系统，百合盛开，鸟语花香，昆虫飞舞。正是这些复杂的生命系统激发了托马斯去探索创造宇宙的力量，也正是这些力量孕育了生命系统之美；同时，也激发了他探索人类创造性的力量，这些力量在维持生命系统的复杂性方面必不可少。

探索创造宇宙的力量由此成为他毕生的追求，宇宙在广袤的空间中不断膨胀，他也不断探索着地球系统的宇宙维度。在这无垠和广袤中，人与生死共舞，令他尤为着迷。他可以洒脱地说，即使在生命完结之后，他仍将是宇宙的一部分。

此外，他认为，若要创造条件，让小溪对岸的草繁茂生长，就需要与地球和平共处。我们对地球与地质、生物以及人类相互联系的宇宙观的理解是“盖亚①和平”的基础。这既需要我们大胆想象，又需要付诸行动进行建设。我们展望共同未来所需要的想象力伸手即得，贝里为我们提供了一条通往那条地平线的道路。正如他所说的：“我们刚刚发现，人类的课题本身是地球课题的组成部分，人与地球的亲密关系是人类抵达彼此亲密的必由之路。”这就是人类走向未来的基石。

---

① 盖亚是古希腊神话中的大地之神，是众神之母，所有神灵中德高望重的显赫之神，她是与卡俄斯同辈的创世女神，也是能创造生命的原始自然力之一。——译者注

小溪对岸的草地

我很小的时候就对伟大的事业开始有了自己的理解。那时我大约 11 岁，我们家正从一个南方小镇设施完备的小区搬到小镇郊区，并在那里盖起了新房。当时，房子尚未完工，坐落在一个缓坡上。缓坡下面有一条小溪，小溪对面是一片草地。那是 5 月下旬的一个下午，我第一次沿着缓坡漫步，跨过小溪，放眼眺望那里的景色。

草地上的草青翠繁茂，上面星星点点遍布着亭亭玉立的白色百合花。此时此刻，我体验到了生命中的奇迹，这种神奇的体验对我思想的深度启迪，似乎超越了记忆中所曾有过的任何体验。我所感知到的不仅有百合花，还有远方蟋蟀的吟唱，郁郁葱葱的树林，以及天空中的白云。那一刻发生的事情并未在我的意识层面停留，我像每一个年轻人一样，继续着我的生活。

也许这一刻不仅给我留下了如此深刻的印象，还是一种贯穿我整个童年的敏锐感知力。然而，随着年月流逝，这一奇迹时刻越发萦绕在我的脑海中，每当我想到我最基本的人生态度，整个思想的走势，我为之奋斗的事业，我似乎都会回想起这一瞬间我对生命的感知，它荡涤了我的心灵，让我感觉到了生命的真实意义。

早期我对生命的感知，似乎已贯穿成为我整个思考体系的标准。一切有利于保护和改善这片草地，让它在自然季节轮回中实现转变的措施都是好的；一切站在草地的对立面，不利于它的方案都是不好的。我的人生立足点就是这么简单，需要具有应用价值，它不仅可应用于教育和宗教，也可应用于经济和政治领域。

促进这片草地自然生长的因素就是经济领域中的有益因素。如果每年春天，这片草地自我更新的能力减弱，蟋蟀无法在这里鸣唱，鸟儿无法在这里觅食，这就成了经济领域中的不利因素。后来我认识到，这片草地自身也在不断地发生变化。然而，这些不断进化的生物系统应该有机会做自己，表达自己独有的内在品质。与经济领域一样，在判例、法律和政治事务中，只有承认这草地、小溪和远处树林的生存和发展权，让它们在季节更替中生存和繁荣，或者让它们在不断变化的生命进程中、在形成生物区域的时候保持生存和繁荣，就都是有益的。

宗教的起源跟这样的草地场景的形成也有异曲同工之妙，深邃而神秘。人们越是想到这里发生的无数活动是如何相互关联的，就越觉得这里神秘。人们在 5 月百合花盛开的时候发现的意义越多，凝望这片草地所产生的敬畏之情就可能越强烈。它没有阿巴拉契亚山脉或西部山脉的雄伟，没有海洋的无边无际或磅礴力量，甚至没有沙漠国家的粗犷宏大。然而，这片小小的草地却彰显着生命的壮丽，这是一种我们用多年来未曾在其他地方有过的深邃情感和刻骨铭心的方式来庆祝的生命的壮丽。

我认为，在我们进入工业化的生活方式之前，很多人都有过这样的体验。宇宙，作为某种原始恢宏壮阔的显现，被认为是人类理解周围奇妙而令人生畏的世界的终极参照。每一个存在都通过与宇宙的结合而发挥着自身作用。在北美大陆的原住民族中，每一项正式的庆典仪式都要首先在宇宙的六个方向举行，这六个方向包括东南西北四个主要方向，以及上面的天空和下面的大地。只有这样，一切人类活动才能得到充分的认可。

在早期，宇宙就是世界的意义，是社会秩序、人类生存和疾病疗愈的基本参照。缪斯女神就住在这种广阔的环境中，人类从这里得到了诗歌、艺术和音乐的灵感。鼓声，是宇宙本身的心跳，构成了舞蹈的节拍，人类由此进入了魅力无限的自然界之舞中。通过广袤的天空和雷电所显示的力量，通过孤寂寒冬过后春天生命的复苏，宇宙的神圣维度在人们的脑海中留下了深刻的印象。在生存威胁面前，人类所表现出的普遍无助也揭示了人类对万物融合协同运转的深度依赖。人类得以实现与周围宇宙的亲密关系，只是因为宇宙本身作为人类诞生并维持其存在的母体形式，与人类有一种先天的亲密关系。

——节选自《小溪对岸的草地》，见《伟大的事业》

反思死亡

托马斯·贝里（贝里）：死亡是生命和存在过程中不可或缺的一部分。我们是他人的孩子，依赖他人而生存，死后也是尘归尘土归土。它是整体过程的一部分，是一个共同体生发的过程，这就是宇宙的样子。这是存在着生老病死的生命世界，它犹如一首交响乐。在时间的长河中，一切都具有永恒的维度，就像音乐一样，通过一系列音符或时间顺序来演奏，但理解这种音乐需要超越时间的维度，因为所有的音符必须同时被理解，即把第一个音符和最后一个音符作为完整旋律的一部分同时去欣赏和感受。所以整个宇宙，在某种意义上，虽然是按顺序运行的，但它同时也超越这个顺序而存在。

玛丽·朱蒂丝·莱斯（莱斯）：但是人类对死亡有着巨大的恐惧。你认为人死后会发生什么？有肉体与精神的分离吗？就是说肉体会消亡，而灵魂或精神会继续存在吗？

贝里：这是一个完整的过程，全部存在就是这个过程的一部分。肉体的消亡是个人存在的某一阶段的消解，但整个生命过程是超越时间的过程。因此，生与死都包含在个人存在的实在当中。

莱斯：那您能否更具体地说一说，50 年后托马斯·贝里会在哪里？

贝里：为什么这么问？我会一直在原来的地方。

莱斯：那是哪里呢？

贝里：我们每个人都和宇宙年岁相当，在宇宙的宏大故事中体验着更伟大的自我。所以，我们和宇宙一样古老，和宇宙一样伟岸。这就是伟大的自我。我们在伟大的自我中生存。在整个过程中，个体特殊显现方式与普遍存在方式是截然不同的。只要宇宙存在，我们就永远参与其中。

莱斯：你所说的永远存在，和我们通常对永生的渴望有什么不同吗？

贝里：没有不同，这只是一个人如何看待永生的问题。宇宙本身是整体的存在方式——万物的存在都与宇宙有着千丝万缕的联系。万物都参与着宇宙中发生的一切。因此，我们永远都是宇宙的参与者，所做的每一件事都会带来长远的影响。从某一角度说，人类个体作为事物整体的一个维度而存在，并对一切事物施加影响，这些事物在某种程度上支配着人类出现之前的事物和人类出现之后的事物。

——节选自 1994 年玛丽·朱蒂丝·莱斯为西班牙语杂志《策划》所做的采访

心灵与生态

我们应该清楚，毁灭地球上的生命形式会有什么后果。首要的后果是我们破坏了神圣存在的维度。我们能对神圣有如此奇妙的感知，是因为我们生活在令人敬畏的辉煌壮丽之中；我们能有如此细腻和敏锐的情感，是因为我们周围的世界有歌曲、音乐和律动，它们十分细腻、沁人心脾，具有难以形容的美；我们能有力量，在身体和灵魂的活力中成长，是因为地球村为我们设置了挑战，迫使我们努力生存，但总有一天它会让我们相信，我们生活在一个本质上对我们友好的宇宙中。但是，不管它有多好，它也必须演绎一部引人入胜的关于生存的戏剧，让我们能够在一系列魅力无边的、永无止境的冒险中体会到活着的全部激情。

如果说我们有想象力，这些力量就会被声音与颜色、形式与运动的魔力所激发，展示出我们所能看到的蓝天白云，林木繁花，流水清风，鸣唱的飞鸟，以及海洋中蓝鲸的游弋等场景。

如果说我们能够行之有效地与自然界交流，并用生命世界最轻柔的话语来感知其内在；或者说我们可以用语言给孩子们讲故事、吟唱歌谣，这都是因为人类从周围各种各样的事物那里获得了力量。

如果我们生活在月球上，人类的思想和情感，语言与想象，以及对神的感知将会被月球上荒凉的景观所限制。

地球的变革和人类思想的变化将是人类事务中最重大的转变，也许还是最伟大的转变，因为我们所谈论的不仅是另一个历史时期或文化变革，还是地质生物层级的大转向。我们正在变革地球，其规模之大，可与地球在数亿年发展过程中所发生的地球结构和生命结构的重大转变相比肩。

虽然这样大的量级会导致思维和行动失措，但希望它也能唤醒人类对正在发生的事情的感知和思考，让我们明白事情发生的规模，并以真正的人类方式重新融入创造“宜居地球”的宏大计划。

地球变革可以唤醒我们的意识，让我们知道人类需要与地球家园里与其同在的一切生命形式和谐相处。失去这些杰出的伙伴就等于缩短了人类自己的生命。

学习了如何与伙伴友善地共生共处之后，我们将会更有资格生活在这个具有独特魅力的蓝色星球上。这个星球合数十亿年之力才酝酿成今天的样貌，将来我们还要把它传承给子孙后代，所以要确保这个伟大的生命共同体可以滋养孩子，指引方向，疗愈他们的伤痛，并赐给他们平安喜乐，就如同这个共同体曾经滋养我们，指引方向，疗愈我们的伤痛，赐平安喜乐于我们一样。

——选自托马斯·贝里 1981 年的演讲，题为《心灵与生态》

和平宇宙观

我认为和平宇宙是目前人类面临的基本问题。我们必须从宇宙的视角来看待人类，正如我们必须通过人类的表现来看待宇宙一样。当一切都取决于创造性地解决当前的对抗问题时，这种宇宙的视角就愈加清晰。此外，人们普遍有一种圆满之感，它与衰败是近邻，二者很容易达成和解。宇宙取得更加辉煌的成就需要创造性的变革，但是从上面的分析来说，暴力与和平都不符合创造性变革的要求。正如著名人类学家克鲁伯曾经指出：对于任何个人或文化而言，理想的情况都不是“平淡无奇”的。相反，它是“有机体能够创造性地承受的最大压力状态”。

从这个角度看，目前的问题不是冲突或和平的问题，而是我们如何才能创造性地处理目前困扰地球的巨大压力的问题。正如泰亚尔所言：我们必须超越人类层面，进入宇宙本身及其运作模式。只有人类被当作地球的一个维度来理解，我们才拥有理解人类一切方面的可靠基础。只有通过地球才能了解人类。当然，地球之外是宇宙和带有曲度的空间。这种曲度反映在地球的曲率上，最终反映在心灵曲线上，整个宇宙在人类的智慧中映照了自己。

这条把所有事物同时结合在一起的约束曲线，与物质的内部力量一起，让宇宙和地球走向了不断创造之路，产生了膨胀的张力。因此，曲线是充分闭合的，以便将一切纳入其中；但同时它又是足够开放的，以便保持其创造性，走向未来。坍缩和膨胀之间的这种脆弱的平衡包含着功能宇宙观中更大的奥秘，尽管理性经验无法真正理解这种宇宙观，但它依然使我们对人类的处境有了最深刻的了解。

在这样的背景下，我们对和平的讨论很可能主要从地球和平的角度来理解，这不仅是罗马和平或人类和平，更是盖亚和平，即地球和平。

然而，只有当我们明白地球是一个由所有地质、生物和人类要素组成的整体的共同体时，才能理解地球和平。地球的和平不是分裂的，而是具有整体性的。基于此，各个国家在解决其困难方面要有外界的参照。

——节选自《和平的宇宙观》，见《地球之梦》

附录
本书选文来源

（按首次出版时间排序）

书目

Buddhism. New York: Columbia University Press, 1989 (orig. Anima Press, 1967).

Religions of India. New York: Columbia University Press, 1992 (orig. Anima Press, 1971).

The Dream of the Earth. San Francisco: Sierra Club Books, 1988.

Befriending the Earth: A Theology of Reconciliation between Humans and the Earth (with Thomas Clark). Mystic, CT: Twenty-Third Publications, 1991.

The Universe Story. with Brian Swimme. San Francisco: Harper SanFrancisco, 1992.

The Great Work：Our Way into the Future. New York：Harmony/Bell Tower，1999.

Evening Thoughts：Reflecting on Earth as Sacred Community. edited by Mary Evelyn Tucker. San Francisco and Berkeley：Sierra Club and The University of California Press，2006.

The Sacred Universe：Earth，Spirituality，and Religion in the 21st Century. edited and with a foreword by Mary Evelyn Tucker. New York：Columbia University Press，2009.

The Christian Future and the Fate of Earth. edited by Mary Evelyn Tucker and John Grim. Maryknoll，NY：Orbis Books，2009.

文章

"The New Story，" Teilhard Studies，no. 1，Anima Press，American Teilhard Association，Winter 1978.

"Management：The Managerial Ethos and the Future of Planet Earth，" Teilhard Studies，no. 3，Anima Press，American Teilhard Association，Spring 1980.

"Teilhard in the Ecological Age，" Teilhard Studies，no. 7，Anima Press，American Teilhard Association，Fall 1982.

"Technology and the Healing of the Earth，" Teilhard Studies，no. 14，Anima Press，American Teilhard Association，Fall 1985.

"Alienation in a Universe of Presence，" Teilhard Studies，no. 48，Anima Press，American Teilhard Association，Spring 2004.

"Individualism and Holism in Chinese Traditions：The Religious

Cultural Context," in Confucian Spirituality, edited by Tu Weiming and Mary Evelyn Tucker, New York: Crossroad, 2003.

致谢

我们非常感谢马特·莱利为准备这本书的手稿所提供的宝贵建议和帮助，他也为贝里的伟大事业付出了辛勤的汗水。此外，我们还要感谢克里斯蒂·莱利、唐纳德·圣约翰、苏珊·威格勒和朱迪·埃默里。我们深深地感谢塔拉·特拉帕尼在监督整个出版过程的诸多细节方面发挥了不可或缺的作用，其同时还要兼顾许多其他工作。

我们尤其要对福特汉姆大学的研究生和美国泰亚尔协会的成员铭记在心，他们多年来一直在里弗代尔支持托马斯的工作。此外，我们与布莱恩·托马斯·斯威姆、米莉安·麦吉利斯、布莱恩·布朗、渡边仁惠与渡边大彦夫妇、泰莉·坦贝斯特·威廉斯、朱丽安·沃伦，以及凯思琳·迪恩·摩尔建立了深情厚谊。我们也将永远铭记在明尼苏达、巴克内尔的朋友们，以及在牛津大学时期认识的朋友们，在这本书中，他们所给予的支持超出了所有人的想象。